黄河上游哇让抽水蓄能电站进出水口高边坡卸荷岩体稳定性评价及防治关键技术

HUANG HE SHANGYOU WARANG CHOUSHUI XUNENG DIANZHAN JINCHUSHUI KOU GAOBIANPO
XIEHE YANTI WENDINGXING PINGJIA JI FANGZHI GUANJIAN JISHU

王敬勇　王贤彪　陈　梁　吴　贲　李长冬　等著

图书在版编目(CIP)数据

黄河上游哇让抽水蓄能电站进出水口高边坡卸荷岩体稳定性评价及防治关键技术/王敬勇等著.—武汉:中国地质大学出版社,2024.4
ISBN 978-7-5625-5793-7

Ⅰ.①黄… Ⅱ.①王… Ⅲ.①黄河流域-上游-抽水蓄能水电站-岩石力学-边坡稳定性-研究 Ⅳ.①TU45

中国国家版本馆CIP数据核字(2024)第045688号

黄河上游哇让抽水蓄能电站进出水口高边坡卸荷岩体稳定性评价及防治关键技术	王敬勇 王贤彪 陈 梁 吴 赟 李长冬	等著

责任编辑:谢媛华	选题策划:谢媛华	责任校对:张咏梅
出版发行:中国地质大学出版社(武汉市洪山区鲁磨路388号)		邮政编码:430074
电 话:(027)67883511	传 真:(027)67883580	E-mail:cbb@cug.edu.cn
经 销:全国新华书店		http://cugp.cug.edu.cn
开本:787毫米×1092毫米 1/16	字数:352千字	印张:13.75
版次:2024年4月第1版	印次:2024年4月第1次印刷	
印刷:武汉中远印务有限公司		
ISBN 978-7-5625-5793-7		定价:108.00元

如有印装质量问题请与印刷厂联系调换

《黄河上游哇让抽水蓄能电站进出水口高边坡卸荷岩体稳定性评价及防治关键技术》编撰委员会

华东勘测设计院(福建)有限公司:

王敬勇　王贤彪　陈　梁　吴　赟　宋　刚　艾孟坤

王　欢　林致煌　戴竞辉

中国地质大学(武汉):

李长冬　龚松林　葛云峰　叶　阳　顾东明　董　杉

刘德民　黄　波

前　言

近年来,为保证电力系统安全稳定经济运行,增加新能源电力消纳,促进能源结构调整,推动生态环境友好,适应新型电力系统建设和大规模高比例新能源发展需要,助力实现碳达峰、碳中和目标,我国西北部地区正大力发展和推进抽水蓄能电站的建设。

青海省是我国的能源资源大省,水能、太阳能、风能等可再生能源资源蕴藏丰富,且具备大规模开发条件,是国家重要的区域能源接续基地和清洁能源基地。但随着近年来新能源并网规模不断扩大,用电负荷降低时段新能源出力受限,面临消纳困难局面,而新能源外送基地建设、大规模长距离联网交直流混合运行等对系统调峰、储能和安全稳定运行提出了更高要求。抽水蓄能电站具有调峰、填谷、储能、调频、调相、紧急事故备用等功能,是电力系统安全稳定运行和新能源大规模发展的重要技术支撑,对优化西北电网调峰电源布局,改善青海省新能源发电运行条件,保证海南藏族自治州、海西蒙古族藏族自治州两大可再生能源基地输电系统安全稳定运行,增加新能源消纳,节能减排、保护环境等具有重要作用。

黄河上游哇让抽水蓄能电站工程就是在这种背景下提出来的。该抽水蓄能电站上水库位于拉西瓦水库右岸山顶缓坡台地,通过开挖围填形成库盆,下水库利用已建拉西瓦水电站库区。电站初拟总装机容量2400MW,安装8台单机容量300MW的立轴混流可逆式水轮发电机组,上水库正常蓄水位2905m,调节库容1541万 m^3 ;下水库(拉西瓦水库)正常蓄水位2452m,调节库容15 000万 m^3 ,具备日调节能力。然而,选址区域地形、构造、地层等地质条件复杂,这使得该抽水蓄能电站进出水口边坡设计施工面临较大技术挑战。例如,进出水口部位自然边坡高陡,卸荷强烈,强卸荷深度大,卸荷岩体松弛破碎,施工开挖和支护难度大,透水性强;进出水口所在边坡上分布较多大小不一的不良地质体(危岩体、变形体、崩坡积体以及卸荷松动体等),不良地质体分布范围广、体积大,处理难度大;工程区上下游发育断层,对工程区内枢纽布置、构造发育、岩体风化卸荷和岩体质量等均有一定影响。因此,特将本次进出水口边坡勘察设计研究方面成果进行归纳、总结并提炼形成本书,以供国内外同行参考。

本书通过分析区域地质资料和勘察报告及现场地质测绘,查明了工程区的工程地质条件,并对区域地质构造发育特征及其对边坡岩体结构发育特征的影响开展深入研究;综合三维激光扫描技术与各种原位测试技术,开展了工程区卸荷岩体发育特征及高陡边坡分级研究,为边坡设计提供了准确的地质信息;由于哇让抽水蓄能电站进出水口边坡岩体破碎,卸荷剧烈,基于先进数值模拟方法,开展了考虑边坡岩体结构特征的卸荷岩体稳定性及支护结构安全性评价研究;针对工程边坡上分布的大量不良地质体,开展了工程区边坡危岩体等不良地质体稳定性及工程防护措施研究,为边坡防护提供参考依据。

本书由王敬勇、王贤彪、陈梁、吴赟和李长冬共同主编。全书共设5章,第一章由王敬勇、李长冬、董杉和吴赟编写;第二章由龚松林、刘德民、黄波、王敬勇和王贤彪编写;第三章由葛云峰、陈梁、李长冬和吴赟编写;第四章由顾东明、宋刚、艾孟坤和王欢编写;第五章由叶阳、林致煌和戴竞辉编写。

本书涉及的理论分析、数值模拟、室内试验、现场试验、研究论文等,得到了华东勘测设计院(福建)有限公司的大力支持,在此表示衷心的感谢。此外,特别感谢参与本书撰写的各单位领导与相关领域专家对成果原始数据资料的支持及对阶段性成果改进提出的宝贵建议。

由于时间仓促,本书中难免有疏漏和不足之处,恳请各位专家、广大读者批评指正。

著者

2023 年 8 月

目 录

第 1 章 绪 论 ………………………………………………………………… (1)
  1.1 工程概况 ……………………………………………………………… (3)
  1.2 工程区基本地质条件 ………………………………………………… (4)
  1.3 工程面临的主要问题 ………………………………………………… (15)
  1.4 主要内容 ……………………………………………………………… (16)

第 2 章 区域构造活动和河谷演化对边坡岩体结构的影响研究 ………… (24)
  2.1 区域构造背景 ………………………………………………………… (24)
  2.2 工程区及周边新构造运动特征 ……………………………………… (27)
  2.3 近场区构造形迹 ……………………………………………………… (30)
  2.4 阶地演变和岩体隆升速率定量重建及其对边坡卸荷的影响 …… (35)
  2.5 场区侵入岩岩相学和地球化学特征 ………………………………… (55)
  2.6 岩石结构与稳定性的关系 …………………………………………… (63)
  2.7 本章小结 ……………………………………………………………… (64)
  参考文献 …………………………………………………………………… (64)

第 3 章 工程区卸荷岩体发育特征及高陡边坡分级研究 ………………… (67)
  3.1 基于三维激光扫描的岩体结构面智能识别与信息提取 ………… (67)
  3.2 基于井下电视的岩体结构面智能识别与信息提取 ……………… (81)
  3.3 工程区域岩体风化带划分 …………………………………………… (87)
  3.4 工程区域岩体卸荷带划分 …………………………………………… (95)
  3.5 小结与建议 …………………………………………………………… (121)
  参考文献 …………………………………………………………………… (124)

第 4 章 基于离散元 3DEC/UDEC 的边坡卸荷岩体稳定性及支护结构安全性评价
  ……………………………………………………………………………… (125)
  4.1 概述 …………………………………………………………………… (125)
  4.2 理论与方法简介 ……………………………………………………… (125)
  4.3 边坡岩体破坏模式定性分析及边坡地质模型 …………………… (128)

4.4　计算模型与假设条件 …………………………………………………… (132)
  4.5　浅表层堆积体稳定性分析 ……………………………………………… (139)
  4.6　自然边坡稳定性与潜在破坏模式 ……………………………………… (140)
  4.7　边坡无支护开挖变形与稳定性分析 …………………………………… (148)
  4.8　边坡开挖＋支护条件下的变形及稳定性分析 ………………………… (155)
  4.9　边坡开挖＋支护条件下进出水口处横剖面稳定性分析 ……………… (174)
  4.10　本章小结 ………………………………………………………………… (179)
  参考文献 ………………………………………………………………………… (180)

第5章　工程区边坡危岩体等不良地质体稳定性及工程防护措施研究 ………… (182)
  5.1　边坡危岩体调查与稳定性评价 ………………………………………… (182)
  5.2　落石轨迹分析基本原理 ………………………………………………… (186)
  5.3　落石运动轨迹三维数值仿真分析 ……………………………………… (189)
  5.4　关键剖面落石运动轨迹概率分布与评价 ……………………………… (198)
  5.5　危岩体防护措施分析 …………………………………………………… (208)
  5.6　本章小结 ………………………………………………………………… (211)
  参考文献 ………………………………………………………………………… (212)

第 1 章 绪 论

20世纪60年代后期,河北省岗南水电站从国外引进了我国第一台抽水蓄能电站机组,开始了我国的抽水蓄能电站建设工作。特别是近年来,我国抽水蓄能电站建设发展迅速,其中北京的十三陵抽水蓄能电站是我国第一批建设的抽水蓄能电站,该抽水蓄能电站在勘察设计工作中遇到了许多困难。由于认识上不统一,当时对十三陵抽水蓄能电站建设工作存在许多异议,于是针对该电站建设的可行性和经济效益等问题进行了深入的研究论证工作,从技术层面为电站建设的各项决策提供了科学依据,大大促进了我国抽水蓄能电站的发展。通过多年对抽水蓄能电站所做的大量研究分析工作,特别是对十三陵、潘家口、广州等抽水蓄能电站投入运行后在系统中所起到的作用进行了系统研究分析,目前不论是规划设计部门、运行管理部门还是主管决策部门,对国家电网中抽水蓄能电站所能承担的作用及其带来的社会与经济效益都有了深入了解,对发展建设抽水蓄能电站的可行性与必要性在认识上都逐渐得到统一,在工作过程中逐步形成的一套比较系统的抽水蓄能电站经济效益分析计算与评价方法也被广泛接受。所有这些工作,对推动我国的抽水蓄能电站发展都起到了重要作用,全国很多地方都因地制宜地进行了抽水蓄能电站的规划选址工作。根据电网的需求,许多抽水蓄能电站项目都相继开展了比较深入的勘察设计及建设准备工作。其中最具代表性的就是近年来广州、天荒坪及惠州等一批大型抽水蓄能电站(超高水头、超大容量机组)的建成运营,标志着我国抽水蓄能电站的发展进入了一个新时期。

近年来,为保证电力系统安全稳定经济运行,增加新能源电力消纳,促进能源结构调整,适应新型电力系统建设和大规模高比例新能源发展需要,助力实现碳达峰、碳中和目标,我国西北部地区正大力发展和推进抽水蓄能电站的建设。随着西部大开发战略的实施,我国青海省进入加速发展的轨道,经济发展保持中高速,进一步带动了电力需求增长。在电力发展"十三五"规划电力需求成果的基础上,预测2025年青海省全社会需电量为1088亿kW·h,最大负荷为15 320MW。青海省是我国的能源资源大省,水能、太阳能、风能等可再生能源资源蕴藏丰富,且具备大规模开发条件,是国家重要的区域能源接续基地和清洁能源基地。2016年8月,习近平总书记在视察青海时强调青海日照充足、光热资源富集,同时有大面积戈壁荒滩,发展光伏发电产业具有得天独厚的条件,应把光伏发电打造成具有规模优势、效率优势、市场优势的特色支柱产业,使青海成为国家重要的新型能源产业基地。为全面推进国家可再生能源示范区和国家重要的新能源产业基地建设,助推我国清洁能源转型,未来青海省新建电源主要为光伏、光热和风电等新能源发电,重点规划有海南藏族自治州和海西蒙古族藏族自治州两个千万千瓦级可再生能源基地,并配套建设特高压直流通道外送。根据有关规划,2025年青海省新能源装机规模62 030MW,

包括光伏 38 000MW、光热 13 030MW、风电 11 000MW。

青海省用电负荷相对较小,峰谷差不大,且水电比重大,调节性能好,电力系统运行条件总体较好。省内黄河上游已建成的千万千瓦级水电基地,除满足青海省电力需求外,也是西北电网重要的调峰电源,为西北电网水火互济运行发挥了显著的作用。受电源特性、输电能力制约,青海省内电力系统容量富裕,但枯期电量不足。青海电网是西北电网的重要组成部分,网内尤其是陕甘青宁电网联系紧密。由于能源资源条件差异,陕甘青宁电网东部陕西、宁夏以火电为主,西部青海以水电和太阳能发电为主,西部甘肃以水电和风电为主,多种能源互补运行,省际间电力电量相互调剂作用明显,为青海省新能源消纳提供了一定的便利条件。但随着近年来新能源并网规模不断增加,用电负荷降低时段新能源出力受限,面临消纳困难局面,而新能源外送基地建设、大规模长距离联网交直流混合运行等对系统调峰、储能和安全稳定运行提出了更高要求。

抽水蓄能电站具有调峰、填谷、储能、调频、调相、紧急事故备用等功能,是电力系统安全稳定运行和新能源大规模发展的重要技术支撑,对优化西北电网调峰电源布局,改善青海省新能源发电运行条件,保证海南藏族自治州、海西蒙古族藏族自治州两大可再生能源基地输电系统安全稳定运行,增加新能源消纳,节能减排,保护环境等具有重要作用。因此,青海省建设一定规模的抽水蓄能电站是必要的。在充分利用好已有水电调峰资源的基础上,从保证可再生能源基地电力外送稳定性、提高外送电能保障能力、增加新能源消纳等方面分析,青海省 2025 年抽水蓄能电站合理规模为 2400～3600MW。

对于西北部抽水蓄能电站工程,以哇让抽水蓄能电站工程为例,它利用拉西瓦库区作为下水库,下水库进出水口边坡主要位于黄河右岸龙羊峡峡谷内,边坡高陡,存在诸多工程地质问题。下水库进出水口边坡的工程地质条件是岩塞(或岩埂)位置选择以及下水库进出水口正常运行的关键技术问题。其中主要地质关键技术有:①进出水口部位自然边坡高陡,卸荷强烈,强卸荷深度大,卸荷岩体松弛破碎,岩体质量差,施工开挖和支护难度大,因此岩体卸荷条件下进出水口边坡的开挖、支护以及稳定性问题是关键技术问题之一;②下水库进出水口岩塞或岩埂位于边坡强卸荷岩体内,岩塞或岩埂部位岩体质量差,透水性强,因此岩塞或岩埂区域岩体稳定性问题研究是关键技术问题之一;③岩塞进出水口所在边坡上分布有较多大小不一的不良地质体(危岩体、变形体、崩坡积体以及卸荷松动体等),不良地质体分布范围广、体积大,处理难度大,对边坡不良地质体的稳定性和危害性研究是关键技术问题之一;④工程区上、下游侧各发育一条区域断层(F3 和 F5),该两条区域断层对工程区内枢纽布置、构造发育、岩体风化卸荷和岩体质量等均有一定影响,因此,深入研究区内地质构造,分析构造演化和构造组合结构的特征,将进一步加深对工程区工程地质条件的理解和认识,可对工程建设过程出现的工程地质问题提供指导和技术支撑。

本书拟依托黄河上游哇让抽水蓄能电站工程,围绕以上关键技术问题展开研究,研究成果不但可以为黄河上游哇让抽水蓄能电站工程提供技术支撑,也可以为西北部类似项目的投标、设计、研究及建设提供借鉴。

第1章 绪 论

1.1 工程概况

黄河上游哇让抽水蓄能电站建设作为国家"十四五"规划重点项目，装机容量为2800MW，是全国第二大、西北地区最大规模的抽水蓄能电站。该电站位于青海省海南藏族自治州贵南县内，在拉西瓦水库中部，与拉西瓦坝址、龙羊峡坝址直线距离分别约10km、16km，距贵南县城、贵德县城及西宁市公路里程分别约123km、97km、196km，距海南千万千瓦级可再生能源基地约40km，距750kV青南变电站直线距离约60km，上网条件便利。电站建成后，供电范围为青海电网(青海省含清洁能源基地外送)，电站主要发挥消纳新能源、储能、调峰填谷作用，同时可承担青海电网的调频调相、提供转动惯量、事故备用等功能。该水电站枢纽由上水库、下水库、输水系统、地下厂房及开关站等组成。上水库位于黄河右岸岸顶哇让平台上，由大坝和库周山岗围成，无天然径流，有效库容2087万 m^3，坝址以上集水面积 $0.64km^2$；下水库直接利用已建的拉西瓦水库，总库容10.79亿 m^3，调节库容1.5亿 m^3，集水面积132 160km^2，多年平均流量为 $653m^3/s$，多年平均径流量206亿 m^3。

哇让抽水蓄能电站下水库进出水口边坡主要位于黄河右岸龙羊峡峡谷内，该区域具有地质构造活动活跃、地形高陡、河谷深切、岩性岩相多变、构造复杂的特点。另外，由于地区特殊的气候条件，四季及早晚温差大，冻融等风化现象明显。特殊的地质背景和气候条件导致该地区河谷陡峻、岸坡岩体卸荷问题突出(图1-1)。岸坡卸荷及冻融的共同作用导致哇让抽水蓄能电站河谷两岸的坡肩及山脊一带形成了众多短小、密集且常为贯通的结构面，岩体完整性和整体强度较低，碎裂结构岩体表现出强烈的非均质、不连续、各向异性等特征。卸荷及冻融共同作用下的碎裂结构岩体节理裂隙发育，结构面组合、交切与围限的情况更为复杂，其空间发育具有强烈的随机性，导致碎裂结构岩体的规模大小不一、形状各异，体积从近百万立方米至几千万立方米均有分布。碎裂结构岩体斜坡的破坏并非如其他破坏形式具有大变形、大位移等显著的宏观特征，而是在长期卸荷及冻融劣化的叠加作用下，岩体结构被破坏，累积损伤严重，斜坡整体结构变差，在外界干扰作用下极易发生失稳现象。

图1-1 哇让抽水蓄能电站岸坡岩体卸荷问题突出

1.2 工程区基本地质条件

1.2.1 地形地貌

黄河自共和盆地流入龙羊峡谷,在泥鳅山出峡后进入贵德盆地。龙羊峡谷除多隆沟河段为小型盆地(曲乃海凹陷)宽谷外,均为峡谷地形。河道蜿蜒曲折,水流湍急,平均水力坡降6.7‰,现龙羊峡谷为黄河上游拉西瓦电站库区。本工程枢纽位于龙羊峡谷中部右岸,黄河在枢纽区段总体呈西东流向。黄河两岸岸坡陡峻,平均坡度50°,局部为直立的悬崖。右岸岸顶为起伏不大的区域性夷平面,高程2600~2900m,相对黄河水位(拉西瓦库水位)高差150~450m。区域调查显示,受地壳频繁活动影响,龙羊峡段两岸曾划分出了Ⅰ~Ⅷ级甚至Ⅸ级以上的阶地。其中较完整和明显的只有Ⅰ~Ⅴ级阶地,Ⅴ级以上阶地形成于早更新世—中更新世(Qp_1—Qp_2),Ⅱ~Ⅴ级阶地形成于晚更新世(Qp_3),Ⅰ级阶地在全新世(Qh)以来形成。工程区内上哇让平台、哇让平台及塔买儿平台属于黄河的高级阶地,形成于早更新世(Qp_1),阶地高程一般为2500~2650m,拔河高度一般为150~300m(拉西瓦水库蓄水前河水位高程约2350m),阶地上部分布有由砂卵砾石层和粉土层组成的二元结构层。哇让平台在早更新世—中更新世受F_3(场址区f_9:下多隆-日脑热断裂)和F_5(场址区f_5:曲合棱断裂)逆冲抬升影响,地面高程2850~2900m,平台上阶地堆积物被剥蚀后仅零星分布。

工程区主要位于在黄河右岸哇让岗附近,区内平台自上而下依次为上哇让平台(高程2660~2700m)、哇让平台(高程2845~2900m)、下哇让平台(高程2670~2750m)和塔买儿平台(高程2530~2700m)。区内主要发育的冲沟有加什达曲卡沟、哇让沟、3#干沟和克柔沟。本电站上水库(坝)主要枢纽构筑物布置在哇让平台,下水库方案一(岩坎方案)进出水口的主要枢纽构筑物布置在下哇让平台东侧边坡(3#干沟左岸边坡)上,方案二(岩塞方案)进出水口的主要枢纽构筑物布置在下哇让平台前缘(北侧)边坡上,方案三(岩塞方案)进出水口拟布置在哇让平台前缘(北侧)边坡上。枢纽工程区地形地貌及位置见图1-2。

上哇让平台位于哇让沟上游侧,平台高程2660~2700m,总体南高北低,与哇让平台直线距离小于1km,高差150~200m,其北面为黄河,与拉西瓦库水位高差210~250m,东、西两面冲沟深切为临空面,南边为哇让岗,向北西延伸。

哇让平台地形平缓,略向正北方向(黄河侧)倾斜,平均坡度2.8°,平台前缘为黄河高级阶地。平台地表原为牧草地,现为退牧还林区,零星分布几户牧民房屋,交通条件较差。哇让平台北侧为黄河,河谷深切,河底高程约2340m,现该河段为拉西瓦电站库区,电站正常蓄水位为2452m,勘测期间库水位多维持在2451.5m左右。黄河两岸地形陡峻,坡度45°~50°,局部为陡崖。基岩大片裸露,坡脚分布少量覆盖层。边坡岩体卸荷强烈,坡面冲沟发育,其中较大规模的3条(4#干沟、5#干沟、6#干沟)均切割较深,延伸至坡顶。

下哇让平台位于哇让平台东北侧,总体地势平缓,南高北低。前平台北侧紧邻黄河,前缘(北侧)与拉西瓦库水位高差220~250m。平台上发育有2条冲沟(2#干沟、3#干沟),两

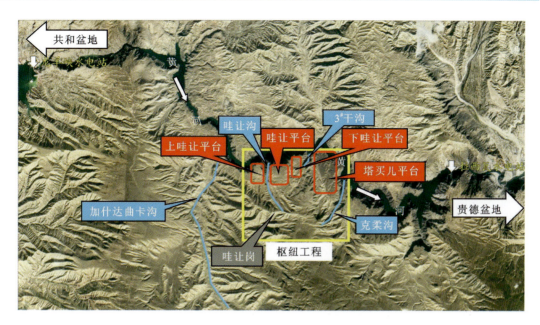

图 1-2 工程区地形地貌及枢纽位置示意图

沟在高程约 2700m 处交汇,交汇后转至近南北向汇入黄河。平台东侧则为两沟交汇后的沟口段(以下称 3# 干沟沟口段),该段干沟切割较深,水上部分深 200～250m,平均坡度 35°～40°。

塔买儿平台位于哇让平台下游侧约 2.0km,北、西两侧紧邻黄河,与拉西瓦库水位高差约 100m。平台总体地势南高北低,平均坡度 3°～4°。平台为黄河的高级阶地,阶地上广泛分布有卵砾石和粉土层组成的二元结构。平台上发育有 3 条较大的冲沟,自西向东依次为上塔干沟、中塔干沟、下塔干沟。平台上零星分布几户牧民房屋,交通条件差。

1.2.2 地层岩性

工程区内基岩主要为印支期侵入的花岗闪长斑岩($\gamma\delta\pi_5^1$),下三叠统(T_1)的砂板岩、灰岩,上三叠统(T_3)的火山岩、火山碎屑岩,上新统贵德组(N_2gd^4)的泥岩夹砂岩。覆盖层主要为第四系下更新统(Qp_1)的冲积粉质黏土层、冲积砂卵砾石层和粉土层,上更新统(Qp_3)的风积粉土层,全新统(Qh)的冲洪积层、崩坡积层、泥石流堆积层及耕植土层。现将地层由老至新分述如下。

1. 印支期侵入花岗闪长斑岩($\gamma\delta\pi_5^1$)

该花岗岩体侵入上三叠统日脑热组,受曲乃海和曲合棱两条近南北向断裂的影响,形态呈不规则状,面积约为 10.6km²,主要分布在哇让—日脑热—塔买儿一带,岩性主要为灰白色花岗闪长斑岩,岩体本身致密坚硬、强度高,偶夹细晶岩脉,斑状结构,块状构造,局部钻孔岩芯及地表露头岩体中可见包含有少量火山岩捕房体。主要矿物成分中斑晶主要为石英(13%～17%)、斜长石(32%～37%)、黑云母(11%～14%)、角闪石(3%～6%)、辉石(2%～7%),基质成分主要为长英质,呈显微晶质结构,并含有少量高岭石、绢云母等次生蚀变矿物。

2. 下三叠统拉果组（$T_1 lg$）

（1）砂岩板岩互层段（$T_1 lg^3$）。灰—灰绿色长石砂岩、岩屑长石砂岩与钙质板岩、千枚状板岩互层，主要分布在工程区内克柔沟一带，厚度 500～600m。

（2）石灰岩段（$T_1 lg^3$）。岩性为灰色粉晶灰岩、泥质粉晶灰岩、结晶灰岩、矽卡岩化大理岩夹泥质板岩，主要分布在工程区内克柔沟一带，厚度 200～250m。

3. 上三叠统日脑热组上段（$T_3 rn^2$）

上三叠统日脑热组上段为一套火山岩和火山碎屑岩，主要有角砾安山岩、英安岩、安山质熔岩凝灰岩、安山质晶屑-玻屑凝灰岩，上部被第三系（古近系＋新近系）覆盖，出露不全，厚度大于 4 132.2m，主要分布在工程区内黄河左岸日脑热及曲合棱沟口一带。

4. 上新统贵德组（$N_2 gd^4$）

工程区范围内主要分布贵德组第 4 段，为棕红色泥岩夹砂岩，岩层产状近水平，岩性相对松软，受流水和风侵蚀刻切成红岩陡坡或悬崖低山地形和红岩缓坡低山地形。该层广泛分布在上哇让平台、塔买儿平台及哇让岗附近，在工程区内的厚度不均，一般为 5.0～40.0m。

5. 下更新统（Qp_1）

（1）冲积粉质黏土层（Qp_1^{al}）。河湖相冲积灰黄—褐黄色粉质黏土，局部夹砂层，松散—半成岩状，具有一定强度，可见近水平状平行层理，试验成果显示该土层无分散性和湿陷性，主要分布在工程区内哇让平台及恰德尼亚平台，厚度不均，一般为 0.4～13.0m。

（2）冲积砂卵砾石层（Qp_1^{al}）。具有一定沉积层理，主要分布在哇让平台北面边缘与平台东、西面斜坡部位和塔买儿平台，厚度一般为 1.0～15.0m。

（3）冲积粉土层（Qp_1^{al}）。为土黄色粉土，结构较松散，局部见水平沉积层理，未成岩，抗冲蚀能力差，与砂卵砾石构成阶地的二元结构，主要分布在工程区塔买儿平台，厚度一般为 3.0～10.0m。

6. 上更新统（Qp_3）

工程区内上更新统主要为风积粉土（Qp_3^{eol}），呈土黄色粉土，结构较松散，未成岩，抗冲蚀能力差，试验成果显示该土层无分散性，但具有中等湿陷性。工程区内广泛分布，钻孔揭露厚度一般为 0.5～5.0m。

7. 第四系全新统（Qh）

（1）冲积含砾粉土（Qh^{al}）。砾石含量 10%～15%，粒径以 2～6cm 为主，母岩成分主要为花岗闪长斑岩，呈弱风化状，其余为粉土，厚度分布不均，一般 2.0～15.0m 不等，主要分布在工程区内塔买儿平台。

（2）冲洪积混合土碎石层（Qh^{al+pl}）。该层堆积物层理明显，各层颗粒大小不一，层理间无明显渐变规律,主要分布在工程区内1#、2#干沟内,可见厚度一般为3.0~5.0m。

(3)崩坡积块石层(Qh^{col+dl})。由碎石、块石组成,局部充填砂土,以块石为主,一般直径0.5~2m,棱角—次棱角状,弱风化状,主要分布于哇让平台西、北面陡坡以及黄河(拉西瓦库区)左岸局部边坡上,厚度5.0~20.0m不等。

(4)泥石流堆积块(漂)石层(Qh^{sef})。主要由块(漂)、碎石组成,粒径以20~40cm为主,次棱角状,其间充填砂土,厚度5.0~10.0m,主要分布在塔买儿平台的泥石冲沟沟口或沟底。

(5)耕植土层(Qh^{pd})。为风积或坡积粉土,结构松散,可见植物根系,工程区各平台地表普遍被该层覆盖,厚度一般0.2~1.0m。

1.2.3 地质构造

工程区断层走向以北北西向和南北向为主,其次为北东向。

工程区内Ⅰ级结构面共3条,为发育在上水库平台上、下游侧的F_2(场址区f_6:曲乃海断裂)、F_3(场址区f_9:下多隆-日脑热断裂)、F_5(场址区f_5:曲合棱断裂),断层破碎带宽度一般20~40m,走向接近南北向,延伸数千米,为区域性断裂,距工程区哇让平台上水库(坝)最近距离分别为2.5km、200m、100~150m。

区内Ⅱ级结构面主要为断层,断层破碎带宽度一般为1~3m,部分宽3~10m,断层带内一般为碎裂岩、岩屑岩块,局部充填石英脉,一般延伸数百米至数千米。

区内Ⅲ级结构面主要为断层及宽大卸荷裂隙。断层破碎带宽度一般0.1~1m,延伸长度一般小于1000m,断层带内一般为岩屑、岩块,两侧岩体完整性差—较完整。工程区哇让平台及下哇让平台北缘部位发育有宽大卸荷裂隙,多上宽下窄,地表张开宽度40~80cm,近地表部充填次生泥土及岩屑,可见深度一般3~5m,也属Ⅲ级结构面。

工程区内其他断层规模较小,宽度0.05~0.1m,一般为硬性结构面,延伸长度一般小于100m,属Ⅳ级结构面。节理密集带岩体破碎,节理发育间距5~10cm/条,局部充填石英细脉或钙质,属Ⅳ级结构面。

工程区内构造节理较发育,以北北西—北西走向为主,北东走向次之,以中陡倾角为主,其中优势结构面产状为NW40°~50°,SW∠70°~90°,面多平直,延伸长,平行发育,铁锰质渲染。工程区内边坡高陡,边坡浅表部岩体一般卸荷强烈,卸荷裂隙发育,倾角一般85°~90°,走向与边坡近平行。

1.2.4 物理地质现象

工程区物理地质现象主要表现为岩体风化、岩体卸荷、崩塌堆积体、危岩体、变形体、泥石流,滑坡等其他物理地质现象不明显。

1. 岩体风化

工程区内基岩主要岩性为花岗闪长斑岩($\gamma\delta\pi_5^1$)和泥岩、砂岩(N_2gd^4)。其中,花岗闪长斑岩除岩石致密坚硬、强度高、抗风化能力强外,岩体的风化主要取决于断裂结构面的发育程度、岩体的赋存环境和风化营力的大小。工程区内地表普遍为覆盖层，冲沟底部局部及高陡边坡可见强—弱风化花岗闪长斑岩。根据本阶段勘探及地质测绘成果，全风化层局部发育，厚度浅薄，一般小于5.0m。强风化层普遍发育，厚度一般在10.0m以内，局部因构造影响较深。弱风化岩体厚度一般为35.0~80.0m。工程区内边坡部位岩体受卸荷及地形影响，弱风化岩体底板埋藏较深，埋深一般大于100.0m。

2. 岩体卸荷

岩体卸荷主要成因是高陡边坡应力释放和岩体在自重作用下向临空面发生的回弹和松弛现象，一般分为强卸荷和弱卸荷。强卸荷带卸荷裂隙发育较为密集，普遍张开数厘米，岩体总体松弛，部分岩体见松动或变形，总体稳定性较差。弱卸荷带是一种轻度的松弛岩体，卸荷裂隙一般发育较为稀疏，张开度较小。

受岩性、岩体结构、坡体结构、地形地貌等的控制，岩体卸荷的表现方式、卸荷程度及深度有明显差别。卸荷方式主要表现为浅表部岩体沿已有结构面松动、拉裂，并局部产生新的卸荷裂隙。其中，强卸荷带发育深度及程度与岩体所在部位的岩体结构、坡体结构及地形特征关系密切。

工程区内卸荷主要发育在黄河急速下切过程中形成的斜坡上，并形成一定深度的卸荷带。卸荷带的发育深度受地形影响变化较大，主要表现如下：

(1) 卸荷深度一般由谷底向高高程部位有逐渐加深的趋势，即同一条件下，高程越大，卸荷深度越大。

(2) 坡面的起伏特征和沟壑发育状况对卸荷也有一定影响，坡面上沟谷侵蚀造成的山梁或山脊，由于增加了临空面，卸荷深度也相应要更深一些，沟底卸荷深度要浅一些。总体表现为岸坡地形凸出部位卸荷明显增强，岸坡整齐地段岩体卸荷减弱。

工程区内黄河两岸的斜坡上，近平行岸坡向（主要为北西西向及北东东向）的卸荷裂隙发育，倾角陡立，多呈上宽下窄的楔形，局部可见在岩体上部沿陡倾角结构面发生轻微的倾倒变形。其中，哇让平台和下哇让平台前缘部位局部可见宽大卸荷裂隙（图1-3），地表处张开宽10~80cm，最大裂缝宽可达1~2m，最大可见深度达3~5m，裂隙近表部大多充填次生泥土及岩屑等。卸荷裂隙致使边坡上部岩体破碎，部分向临空面崩塌形成陡崖，部分未崩塌岩体在边坡上形成危岩体或卸荷松动体。

工程区内强卸荷岩体强烈拉张松动，卸荷裂隙密集，普遍张开，部分开度大于2cm，局部有架空、错位现象，拉裂缝中多有次生泥等充填物。钻孔岩芯节理裂隙发育，结构面充填次生泥或铁锰质渲染严重；钻孔电视观测孔壁松弛，普遍掉块，孔内分布张开大于2cm的裂隙；RQD变化大，波速变化大。弱卸荷岩体较松弛—紧密，卸荷裂隙分布不均匀，主要沿原有结构面张开，一般张开宽度1~20mm。洞壁往往参差不齐，多呈碎裂—次块状结构。钻孔岩芯偶见次生泥膜，钻孔电视观测孔壁较紧密—中等紧密，局部有掉块，孔内分布张开1~5mm的陡倾角裂隙。平硐强卸荷岩体照片见图1-4，强卸荷及弱卸荷岩体孔内电视照片见图1-5。

根据钻孔、平硐、探槽及地质测绘成果，工程区内水边线高程附近水平强卸荷深度一般为15.0~60.0m，高高程局部水平强卸荷深度达60.0~80.0m。

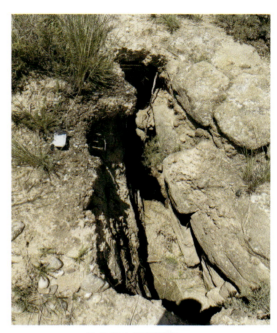

地表宽大卸荷裂隙L₂ 　　　　　　　　地表宽大卸荷裂隙L₅

图1-3　地表宽大卸荷裂隙

(a) PD07平硐(硐深11.5m处掌子面)　　　　(b) PD08平硐(硐深28m处掌子面)

图1-4　平硐强卸荷岩体

3. 崩塌堆积体

工程区内黄河及深切沟谷两岸地形陡峻,斜坡地形坡度45°～50°,局部为陡崖。受地形、岩性、构造和风化卸荷作用等的影响,边坡岩体破碎崩塌,崩塌物常沿坡面和坡脚部位堆积。工程区内现阶段黄河右岸边坡共发现有12处较大规模的崩塌堆积体(图1-6)。

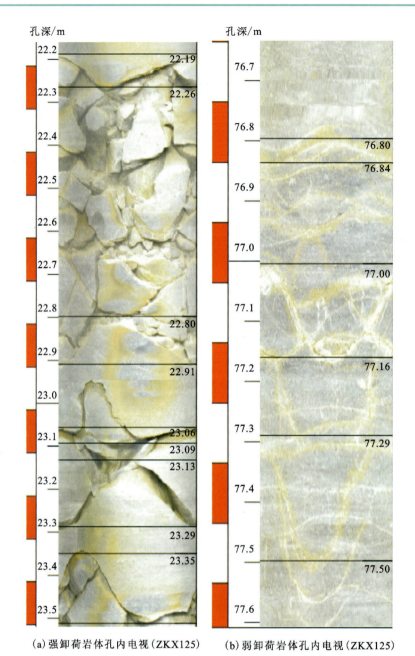

(a)强卸荷岩体孔内电视(ZKX125)　　(b)弱卸荷岩体孔内电视(ZKX125)

图 1-5　强卸荷及弱卸荷岩体孔内电视照片

4. 危岩体

1)危岩体分布特征

原岩在强烈风化和卸荷后松动掉块形成的具有一定分布面积、厚度不大、无统一底滑面控制的松散破碎岩体,坡体内裂隙发育,岩体完整性差,存在崩塌的可能,一般分布在陡峭、单薄山脊与山梁地段,部分危岩体三面临空。工程区内黄河两岸的陡坡上广泛分布体积大

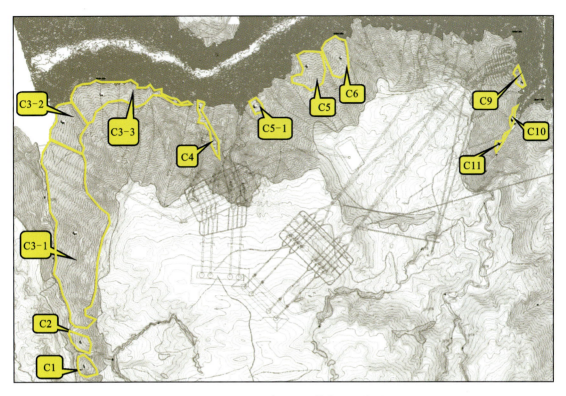

图 1-6 工程区崩塌堆积体位置示意图

小不一的危岩体。根据《水电工程危岩体工程地质勘察与防治规程》(NB/T 10137—2019)对危岩体进行分类,区内危岩体主要包括危石、危石群、孤石、孤石群。

(1)危石及危石群。暂未脱离母岩,易沿不利结构面组合产生滑动或崩塌而与母岩分离的危岩体,按照危岩体分布数量分为危石(单个)和危石群(多个)。

(2)孤石及孤石群。遭受过崩塌作用,已经脱离母岩,暂时停留在坡面上,易沿坡面产生滑动或滚动的危岩体,按照危岩体分布数量分为孤石(单个)和孤石群(多个)。

2)危岩体失稳模式

工程区边坡危岩体失稳变形模式主要有以下两种:

(1)岩体中后缘近边坡走向的陡倾角主控结构面松弛拉裂,临空面岩体在自重及卸荷作用下作悬臂梁弯曲,导致倾倒式的破坏,表现为倾倒-拉裂-崩落的倾倒式失稳模式。

(2)危岩体后缘近边坡走向的陡倾角裂隙与倾坡外缓倾角结构面相互切割,组成危岩体向外侧临空面滑动的滑移面。变形破坏由前部向后缘逐渐扩展,表现为阶梯状滑移-崩落的滑塌式失稳模式。

遭受过崩塌作用而暂时停留在坡面上的孤石或孤石群,易沿坡面产生滑动或滚动。

3)工程区危岩体分布情况

工程区内黄河两岸的陡坡上广泛分布体积大小不一的危岩体及危石,本阶段在工程区内黄河右岸边坡上发现的规模较大的危岩体有68处(编号$W_1 \sim W_{87}$,奇数编号),预估体积$80 \sim 4.7$万 m^3(图1-7),其中特大型12个($V \geqslant 1$万 m^3),大型35个($1000 m^3 \leqslant V < 1$万 m^3),

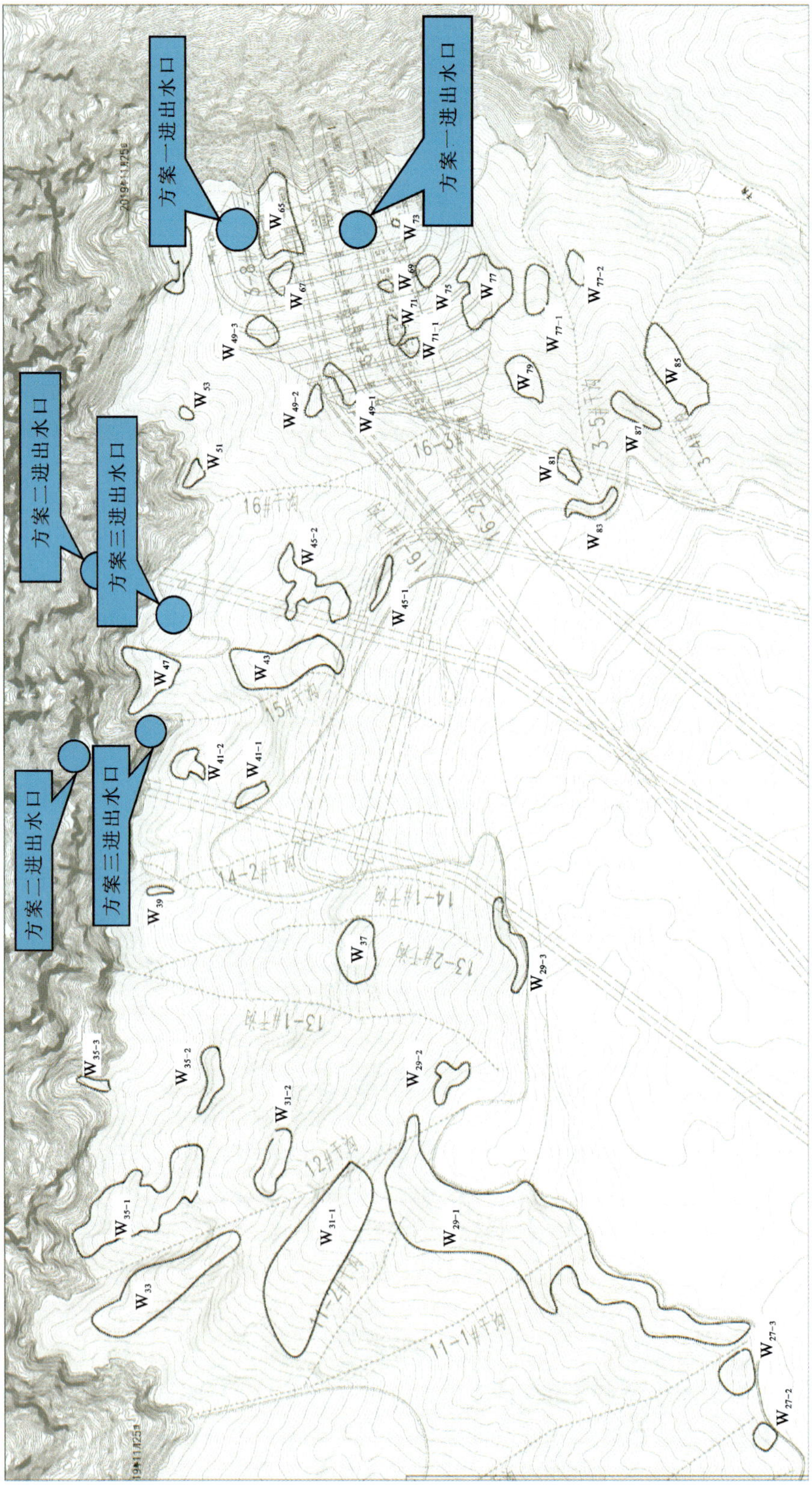

图1-7 工程区危岩体分布示意图（哇让沟—10#干沟边坡段）

中型20个（100m³≤V＜1000m³），小型1个（V＜100m³）。根据《水电工程危岩体工程地质勘察与防治规程》（NB/T 10137—2019），本阶段按地形地貌、结构面特征及其组合、变形破坏程度等对工程区内边坡上的危岩体进行稳定性综合定性分析评价，并按危岩体的危害对象和危险性将危岩体的危害等级划分为Ⅰ～Ⅳ等。

5. 变形体

相对完整的原岩边坡局部存在变形但未整体滑移破坏的岩质边坡，浅表部岩体破碎，局部松弛，部分底部存在潜在滑移面，但滑移面未完全贯通。工程区内变形体主要分布在黄河两岸水边线附近，本阶段发现的规模较大的变形体有7处（编号B_1～B_6、B_8），其中黄河左岸（偶数编号）4处，黄河右岸（奇数编号）3处，预估体积8.3万～150万m³（图1-8）。

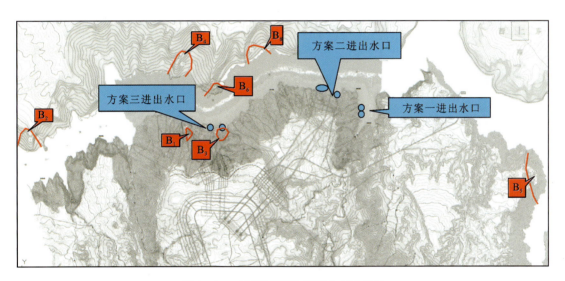

图1-8 工程区变形体平面分布示意图

6. 泥石流

工程区内哇让平台上游侧的哇让沟沟长约3.0km，宽100～300m，切割较深，冲沟中下游右侧沟坡高陡，坡面及坡脚局部分布有崩塌堆积物，沟床平均纵坡降为183‰，主沟常年无流水，沟口及沟底未见泥石流堆积物，初步判定该沟为非泥石流冲沟。

工程区内泥石流主要分布在哇让平台以东至克柔沟范围内，地表冲沟沟底均分布规模不一的泥石流堆积物。其中在距离哇让平台下游约2.5km的塔买儿平台上发育3条泥石流沟，分别为上塔干沟、下塔干沟及克柔沟。3条沟的沟源处均位于有近南北向（坡向）曲合棱区域断裂（F_5）通过的陡坡部位。各沟流通区沟长较长，沟床的纵比降相对较小，从沟口堆积物颗粒及规模均较小来判断，初步估计各沟在极端暴雨工况下仍有暴发小型泥石流的可能，但泥石流规模均不会太大。

1.2.5 水文地质条件

工程区地处中纬度内陆高原,属典型的大陆性气候,冬季寒冷干燥,夏季凉爽,雨量集中,春、秋季短且多风,气温日、年差较大,无霜期短,雨量少,蒸发量大,空气湿度低。据贵德气象站1961—2018年资料统计,多年平均气温7.6℃,各月平均气温在-5.9~18.7℃之间。多年平均降水量257.7mm,2月平均降水量最小为0.4mm,8月平均降水量最大为56.7mm,降水量主要集中在5—9月。多年平均相对湿度51%,各月平均相对湿度在37%~64%之间。多年平均风速1.9m/s,各月平均风速在1.2~2.8m/s之间,实测定时最大风速18.0m/s。

黄河上游径流由流域内降水形成,以雨水补给为主、融雪补给为辅。由于有天然湖泊、沼泽的调蓄,径流变化相对稳定。径流年内变化受环流形势、降水、气温和下垫面等因素的影响,汛期7—10月径流量约占年径流量的59.8%,枯期12月至翌年4月径流量约占年径流量的15.1%,年际变化较大。根据贵德气象站历年径流资料统计,年平均流量最大值为1063m³/s(1989年),最小值为305m³/s(1928年),二者之比为3.49,与多年平均流量之比分别为1.62和0.47。

工程区位于黄河右岸,地表无常流水的河流及冲沟,沟河均为季节性水流,洪水发生在每年6—9月,汇入黄河。

1. 地下水类型

本区干旱少雨,地下水量不丰。工程区内无地表水分布,地下水埋藏较深,地下水补给河水。地下水类型为裂隙潜水和脉状裂隙承压水两种,主要接受大气降水的补给。裂隙性潜水主要赋存在岩体裂隙及构造破碎带中,赋水性弱,赋水性主要受断层、裂隙及其连通性控制,空间分布差异大,具有不均性和各向异性的特点。脉状裂隙承压水主要埋藏在断层破碎带中,本阶段工程区钻孔未揭露。

2. 地下水分布特征

工程区内地下水水位埋深总体较深,区内地表未见地下水出露点。工程区内各平台地下水分布特征总体较平缓,略向临空面倾斜,边坡部位受卸荷、地质构造等影响,埋深大于150m。

3. 岩土体渗透性

工程区内基岩岩性主要为印支期侵入的花岗闪长斑岩及上新统贵德组泥岩,岩体的渗透性主要与岩体风化程度、节理的发育程度、张开程度和连通程度紧密相关。各高陡边坡处受岩体风化卸荷及地形影响,岩体透水率总体比平台里侧大。透水率较大的区段一般为节理发育部位、风化强烈部位、卸荷强烈部位或者构造破碎带内岩体。透水率垂直分布总体满足一般规律,随深度增加,透水性减弱。

4. 环境水腐蚀性评价

本阶段分别选取哇让平台上水库钻孔地下水 3 组、黄河水 2 组共 5 组代表性水样进行水质简分析。试样水质均无色、无味、无臭、透明。本工程场地为干湿和冻融交替的干旱地区,但高程在 3000m 以下,坝型为沥青混凝土面板堆石坝,拟采用库岸沥青混凝土+库底土工膜的全库盆防渗形式,混凝土主要在地下洞室部位使用。因此,本阶段按《水力发电工程地质勘察规范》(GB 50287—2016)附录 K 环境水对混凝土的腐蚀评价标准进行判别,哇让平台钻孔地下水对混凝土具有分解类溶出型弱—无腐蚀性、一般酸性型弱—无腐蚀性、碳酸型中等腐蚀性以及结晶盐类的弱—无腐蚀性,黄河水对混凝土无腐蚀性。下阶段再根据需求对环境水的腐蚀性评价进行专门论证。

1.2.6 物理力学参数

为了解各下水库进出水口边坡花岗闪长斑岩岩石(体)的工程特性,从下水库进出水口钻孔中选取弱风化下段岩块(3 组)进行室内物理力学指标试验,试验成果见表 1-1。试验成果表明,花岗闪长斑岩岩石抗压强度较高,弱风化岩石单轴饱和抗压强度为 130~180MPa。

表 1-1 岩石物理力学性质试验成果汇总表

岩样编号	岩性	风化程度	极限抗压强度(R)			弹性模量 E_e	泊松比 μ	软化系数 η	冻融系数 K_f	干密度 ρ_d	饱和密度 ρ_s	颗粒密度 ρ_p	孔隙率	冻融损失率 L_f	自然吸水率 ω_a	饱和吸水率 ω_s	硫酸盐、硫化物含量(以 SO_3 计) Q_s
			干(R_d)	饱和(R_s)	冻融饱和(R_f)												
			平均值/MPa	平均值/MPa	平均值/MPa	万MPa	—	—	—	g/cm³				%			
1	花岗闪长斑岩	弱风化	157.92	132.03	123.46	5.97	0.19	0.84	0.94	2.74	2.74	2.75	0.48	0.01	0.05	0.06	0.16
2	花岗闪长斑岩	弱风化	205.09	179.31	164.76	6.13	0.17	0.87	0.92	2.74	2.74	2.75	0.49	0.01	0.13	0.14	0.18
3	花岗闪长斑岩	弱风化	168.76	144.25	137.11	6.24	0.16	0.85	0.95	2.74	2.74	2.75	0.52	0.01	0.10	0.12	0.21

1.3 工程面临的主要问题

前期的工程地质调查表明,哇让抽水蓄能电站工程关键工程地质问题有以下几个特点:
(1)工程区上、下游各侧发育有一条区域断层(F_3 和 F_5),这两条区域断层对工程区内枢纽布置、构造发育、岩体风化卸荷和岩体质量等均有一定影响。

(2)进出水口部位自然边坡高陡,卸荷强烈,强卸荷深度大,卸荷岩体松弛、破碎,岩体质量差,施工开挖和支护难度大。

(3)下水库进出水口岩塞或岩埂位于边坡强卸荷岩体内,岩塞或岩埂部位岩体质量差,透水性强。

(4)岩塞进出水口所在边坡上分布有较多大小不一的不良地质体(危岩体、变形体、崩坡积体以及卸荷松动体等),不良地质体分布范围广,体积大,处理难度大。

然而,目前对深切河谷复杂卸荷岩体的工程特性及斜坡灾变孕育演化机制、稳定性分析以及空间预测研究仍处于探索阶段,没有成熟可靠的评价方法和指标可循,并且针对这种特殊冻融地区复杂碎裂斜坡的有效防治技术一直是岩土工程界的一大难题,这一点在《地质灾害治理工程设计技术规范》(DB37/T 3657—2019)的有关条文中得到了体现。目前,地质灾害治理工程设计技术规范并没有针对这类特殊地质背景和气候条件共同作用下的碎裂结构岩体的分级分类、参数取值、稳定性分析方法及斜坡防治治理措施作出明确的说明和规定,这可能导致勘查设计初期阶段认识不足,工程设计方面存在欠合理问题,使得防治工程安全性差或失效,引起灾害复发等现象,对哇让抽蓄电站工程的建设造成了极大的威胁。

1.4 主要内容

本书围绕黄河上游哇让电站复杂地质条件下库进出水口边坡工程地质关键技术研究的核心问题,采用由现场调查→物理试验→理论分析→大型模型分析→解决工程实际的研究手段,从区域构造活动和河谷演化对边坡岩体结构的影响研究→工程区卸荷岩体发育特征及高陡坡分级研究→工程区边坡卸荷岩体稳定性评价及支护优化设计→工程区边坡危岩体、变形体等不良地质体稳定性及危害性研究系统地开展研究。

1.4.1 内容一

1. 区域地质构造发育特征及其对边坡岩体结构发育特征的影响研究

运用构造地质学、大地构造学、岩石学、高精度年代学和工程地质学等方法理论,开展详细的野外大比例尺填图、构造解析和区域大地构造分析,查明区域构造背景、新构造活动、岩石地层断层分布特征,为揭示工程区地质背景和岩体变形之间的关系提供可靠依据。

(1)首先进行区域数据收集,查明工程区大地构造背景。收集 GPS 位移和断层等数据,开展数据对比和解释,评估区域新构造运动和现今构造活动特征及其对工程区潜在的影响,进行野外填图、构造解析和年代学分析。

(2)重点针对工程区开展野外大比例尺填图,查明工程区内岩石、地层分布特征和主要断裂构造分布规律;针对 F_3、F_5 等重要断层进行露头尺度构造解析和岩石构造剖面测量与断层追索,分析断层性质和规模,查明断层带影响范围;采集代表性地层样品进行光释光(OSL)或电子自旋共振(ESR)测年,准确限定地层时代,并为断层时代提供间接限定;采集断层泥等进行断层年代学分析,结合地质体切割关系,准确限定断层活动时间;通过新的野外和年代学数据,对比区域已有数据,揭示断裂和新构造活动之间的关系,重点分析断层活动时间、性质、规模及其对工程区结构面发育的影响范围。

(3)通过野外填图、无人机、三维激光扫描等各种手段,调查工程区各种构造结构面、原生结构面和风化卸荷结构面的产状、形态、规模、性质、密度及其相互切割关系,以及各种结构面与边坡的几何关系。

2. 工程区内阶地演变和岩体隆升速率定量重建及其对边坡卸荷的影响研究

运用第四纪地质学、地貌学与工程地质学相结合的方法,采取野外与室内、宏观与微观、常规观察与先进测试技术等相结合的技术路线,定量重建工程区岩体隆升速率、黄河河谷地貌演化、阶地形成和河流下切过程,揭示其区域隆升和河道下切对两岸边坡形态、风化卸荷和地应力等的重要影响。

(1)工程区河流阶地实地调查、样品采集、岩石学分析、地球化学分析和高精度年代学分析。对河谷地貌进行实地调查,获得阶地地理位置、分布特征等信息,并描述典型阶地剖面。选择典型阶地剖面,确定阶地序列,并采集阶地上覆的冲积物样品用于物源分析和测年(ESR、OSL方法)。利用砾石中不同成分的含量、粒径大小及所占百分比等统计资料,区分源岩的主要岩性、搬运距离。利用稀土元素(REE)以及 Th、Sc 和 Cr、Co 等微量元素分析源区的地球化学性质。开展碎屑锆石 LA‐ICP‐MS U‐Pb 定年分析,揭示碎屑物源变化特征,为河道贯通时代和山脉隆升与侵蚀过程提供依据。

(2)锆石、磷灰石裂变径迹定年及隆升速率定量分析。根据年龄-高程法原理,按每100m高程间距采集一块样品,并参照1∶5万地形图对每个样品点进行 GPS 定位,采集15~20个样品,在室内进行碎样、淘洗,并用双目镜挑选新鲜磷灰石和锆石,整个过程避免样品污染。样品经过初步处理后,全部送到国家地震局裂变径迹实验室进行磷灰石裂变径迹年龄测试。有关实验条件:磷灰石裂变径迹蚀刻条件为 7% HNO_3,室温,35s;外探测器采用低铀含量白云母,蚀刻条件为 40%HF,室温,20min;Zeta 标定选用国际标准样 Durango 磷灰石及美国国家标准局 SRM612 铀标准玻璃,Zeta 常数 $\xi=352.4\pm29$;样品置于反应堆内进行辐照;径迹统计用 OLYMPUS 偏光显微镜,在放大1000倍浸油条件下完成。对测出的数据进行分析,作出年龄-高程的隆升曲线和温度-年龄的冷却曲线,计算隆升速率和冷却速率。

(3)综合分析新的数据,对比区域地质背景,定量重建河谷地貌演化。对工程区河道两侧典型阶地的高程、物源、测年数据进行综合分析,并与黄河上游河流阶地资料进行对比,揭示黄河哇让段河流阶地、侵蚀平台的形成历史,恢复古地貌演化过程,探讨区域构造运动、河谷演化对边坡稳定性的控制作用。

内容一研究思路如图1-9所示。

图 1-9 内容一研究思路图

1.4.2 内容二

1. 卸荷岩体结构精细化调查

针对滑坡地表和地下岩体结构,采用三维激光扫描和井下电视摄影技术,获取地表露头点云数据和图片影像。基于区域生长改进算法和灰度共生矩阵-Canny 边界提取算法,实现岩体结构面的智能识别;进一步提高岩体结构测量自动化水平,构建基于机器学习的岩体结构预测模型;基于计算几何理论,对识别出的岩体结构面进行测量,获取产状、间距、出露尺寸、张开度与粗糙度等结构信息,从地表与地下两个维度,立体定量描述滑坡岩体结构特征(图 1-10)。

2. 卸荷岩体结构面几何特征统计规律研究

对研究点卸荷岩体的结构面几何特征进行统计分析,从统计层面对卸荷岩体的结构特征进行量化研究,在对结构面进行分组的基础上,研究其倾向、倾角、迹长、隙宽和间距的概率分布模型,并进一步确定结构面直径和体密度的概率分布模型。

3. 结构面三维可视化模型

通过 Monte-Carlo 方法按求得的概率分布函数获得与实际情形相似的随机结构面几何特征数据,然后利用计算机程序实现结构面网络的二维或三维可视化。这些随机结构面几何特征数据包括了结构面的倾向、倾角、长度(如圆盘的直径)、间距、隙宽以及位于模拟区

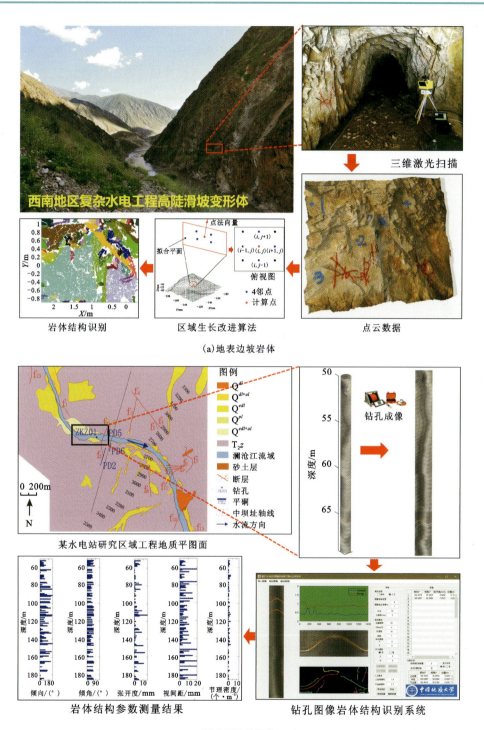

图 1-10 复杂边坡地表、地下岩体结构精细化表征

Q^{dl}.第四系坡积物；Q^{dl+al}.第四系坡积物和冲积物；Q^{edl}.第四系残坡积物；Q^{pl}.第四系洪积物；Q^{edl+al}.第四系残坡积物和冲积物；T_2z.中三叠统。

域内的中点坐标等信息,进而可以确定每个结构面在模拟区域中的确切位置,从而由大量的结构面组合成结构面网络。岩体结构面三维网络模拟可以得到岩体的整体结构特征,使得岩体的结构特征可以被更直观、更全面地观察到,把感性认识上升到理性认识,实现主观感觉到客观理解的转变。

4. 基于三维模型剖面的岩体结构量化方法

重点研究卸荷岩体的碎裂结构特征描述和碎裂程度量化,并通过这两类指标提出初步的卸荷岩体量化分级方案。卸荷岩体的量化评价和量化分级研究有两个突出的任务:一是建立碎裂结构面岩体结构特征和碎裂程度的量化评价指标,并以此建立碎裂结构岩体的量化分级体系;二是建立各级别碎裂结构岩体与宏观力学参数、工程防治措施手段之间的对应关系。

本研究是在碎裂结构岩体结构面三维网络模型的基础上,选取结构面三维网络模型的典型研究剖面,以岩体结构面的切割与围限在二维剖面上的迹线交割特征为主要研究对象,提出若干量化卸荷岩体结构特征和碎裂程度的指标,探索建立卸荷岩体分级体系,同时采用Hoek-Brown定理和原位剪切试验来分析两处研究点不同碎裂情况的岩体抗剪切强度参数值,建立碎裂程度与抗剪切强度的初步联系,为后续研究奠定基础。

内容二研究思路如图1-11所示。

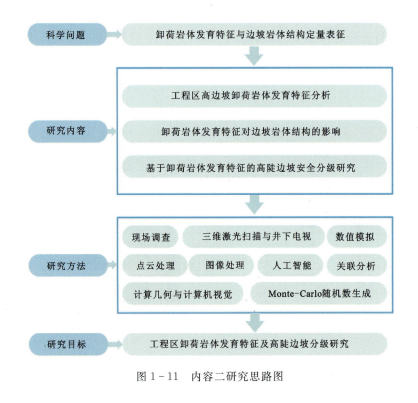

图1-11 内容二研究思路图

1.4.3 内容三

内容三的主要工作思路如下：

(1)基于获取的坡表地形数据和边坡岩体裂隙发育特征,建立结构面三维可视化模型,确定卸荷岩体优势节理组。

(2)结合结构面赤平投影图以及三维离散元法,分析边坡的破坏模式,探明高陡边坡不同区段发生平面滑动、楔形体滑动以及倾倒破坏的可能性。

(3)通过有限差分法数值模拟方法,定量评价边坡的稳定性。

(4)结合上述定性和定量分析结果,对工程影响区内的边坡进行稳定性分区分段,筛选出重点边坡。

(5)初拟多种边坡开挖方案以备比选,采用三维离散元数值方法模拟高陡卸荷破碎岩体边坡开挖过程,通过对边坡变形、应力、稳定性系数的全过程监测及其对进出水口的影响,比选出合理的边坡分步分块开挖方案。

(6)研究重点边坡在开挖过程中所处的变形破坏阶段,根据不稳定地质体当前所处的演化阶段及其变形破坏机制,选定不同的支护方案,并依据规范进行初步设计,然后考虑支护形式、经济性评价等,进行方案优化和设计,具体步骤如下:①初定支护参数;②基于数值分析获取边坡位移、稳定系数等特征量;③判断位移、稳定系数等是否满足要求;④对支护参数进行修正;⑤进行数值分析,直至边坡位移、稳定系数等特征量满足要求,最终确定边坡支护方案;⑥最后输出支护构件内力参数,包括锚索轴向拉力、格构梁弯矩及剪力等,以指导支护结构设计。

内容三研究思路如图 1-12 所示。

1.4.4 内容四

1.分析计算边坡危岩体等不良地质体的稳定性和危害性

首先,基于前述对边坡危岩体、变形体等不良地质体的发育规模和特征调查数据,结合离散元精细化建模方法,采用强度折减法计算得出不良地质体的稳定系数,从而实现对边坡不良地质体的稳定性量化评价;其次,考虑离散元在大变形及动力计算方面的巨大优势,将其用于边坡不良地质体危害性评估研究中,即通过重力加载法或强度折减法得到不良地灾体的崩塌(坍塌)体量,并与现场调查结果进行对比验证,同时获取灾害体的潜在崩滑路径以及灾害影响范围(包括次生灾害,如涌浪以及崩滑体对构筑物的冲击破坏等),实现不良地质体的危害性评估。研究成果对边坡不良地质体监测布置以及水工建(构)筑物选址等具有指导意义。

2.进出水口区工程防护措施抗冲击模型试验

基于调查及模拟分析确定的危岩体关键威胁区域,针对进出水口区不同区域工程防护

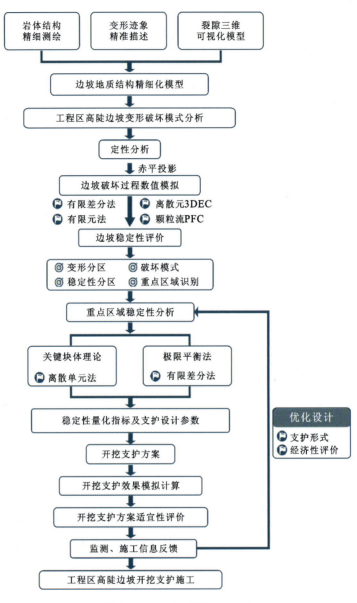

图 1-12　内容三研究思路图

的需要以及初步的布置方案建议,设计代表性室内试验模型,包括进出水口边坡边界区域的柔性防护结构抗冲击模型,复合结构拦石坝抗冲击模型及进出水口水工构筑物抗冲击结构模型。根据调查及模拟分析成果确定危岩体冲击工况,开展相应防护结构的室内抗冲击模型试验。模型试验过程中,采用压力传感器、动态电阻应变仪、位移计、加速度传感器等全面监测结构在危岩体冲击载荷下的动力响应,并采用高速摄像机记录冲击全过程。根据试验结果优化防护结构的设计,提出适用于本工程的防护结构参数,为进出水口水工建筑物的抗冲击防护提供依据。

内容四研究思路见图1-13所示。

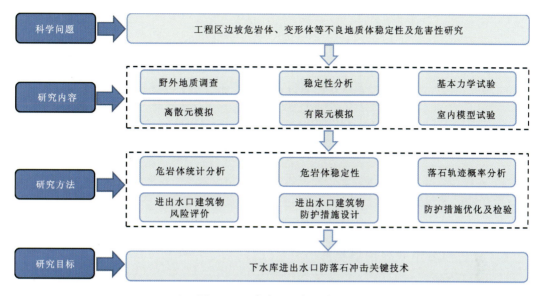

图1-13　内容四研究思路图

第 2 章 区域构造活动和河谷演化对边坡岩体结构的影响研究

2.1 区域构造背景

2.1.1 构造格架和构造单元

工程区位于青藏高原东北部共和-贵德盆地中北部,是我国青藏高原和黄土高原的过渡地带,大地构造位置特殊,地质构造条件十分复杂。共和-贵德盆地紧邻多个古老造山带及地块,并且周缘又发育有多条大型断裂带。它北邻早古生代祁连造山带;东接早古生代—中生代秦岭造山带,与西秦岭具有一定的关系;南部为松潘-甘孜造山带,并且其中包含阿尼玛卿山与巴颜喀拉盆地;西邻昆仑造山带及柴达木地块(图2-1)。由于新生代瓦里贡山的快速抬升,共和-贵德盆地一分为二。其中,贵德盆地位于共和-贵德盆地东部、黄河上游松巴峡以西和龙羊峡以东,北以青海南山和拉脊山西端为界,南依巴吉山,西靠瓦里贡山东至扎马杂日山,四周被断裂所围限,属新生代断陷盆地。共和盆地位于共和-贵德盆地西部、黄河上游龙羊峡以西,北以青海南山为界与青海湖毗邻,南以共和南山断裂为界紧靠昆仑造山带,东邻瓦里贡山,四周被断裂所围限,属新生代断陷盆地。共和-贵德盆地内部构造单元紧密相邻,共和盆地以及各个单元之间的各种地质作用相互影响,其内部岩石与构造组合的形成和发育早期主要受中生代中央造山带碰撞造山作用影响,新生代欧亚-印度大陆碰撞导致青藏高原隆升和变形。

2.1.2 区域构造演化

工程区位于青藏高原东北缘,青藏高原东北缘是新生代晚期构造变动最为强烈的地区之一,它在新生代强烈隆升是形成周缘构造的重要因素。新生代以来受印度-欧亚板块持续碰撞和挤压,青藏高原向东、向南发生构造逃逸,地壳仍在不断变形和隆升,新构造活动发育。新构造活动主导的断裂构造、区域隆升和河流下切等内外动力地质作用控制着工程区岩体结构发育特征。

工程区岩体主体为中粗粒和中粒花岗闪长岩类,形成时代为晚三叠世(230~220Ma)。该岩体在共和盆地周边广泛出露,形成过程与中央造山带(昆仑-祁连-秦岭-大别造山带)构

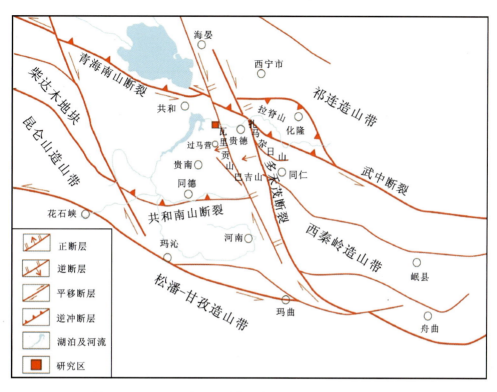

图 2-1 工程区及邻区地质构造背景图(据 Wu et al., 2019 修改)

造碰撞造山过程密切相关。区域上,中央造山带南缘以阿尼玛卿-勉略缝合带为代表的古特提斯洋于晚古生代末期闭合,同一时期共和坳拉谷也随之封闭,中央造山带及邻区在早中生代已结束了陆块间具洋盆分隔的历史,完成了多块体(阿拉善-华北、祁连-昆仑-秦岭、松潘-甘孜、扬子)的拼合碰撞,奠定了现今复杂的构造格局(图 2-2)。工程区及周边晚三叠世花岗岩类具有后碰撞相关地球化学特征,形成于与俯冲陆壳板片断离、岩石圈拆沉作用相关的地球动力学过程(张宏飞等,2006)。

工程区现今的地貌格局和构造变形特征主要是新生代以来构造演化的结果。晚新生代构造演化主要可分为以下两个阶段:

(1)第一阶段。中新世至中更新世早期是以沉降为主的构造运动时期。在这一时期,青藏高原受到南部新特提斯洋盆封闭后印度板块向北俯冲推挤,北部西伯利亚板块向南、东部扬子地块向西的三方面区域挤压构造应力场的联合作用,被强烈挤压隆升,在隆升过程中,青海南山由北东向南西逆冲,鄂拉山由南西向北东东逆冲,盆地相对沉降。

(2)第二阶段。中更新世晚期以来是以强烈上升为主的构造运动时期。在这一时期,青藏高原强烈大幅度隆升,盆地与周边隆起一同抬升,表现为盆地面升高。在盆地面升高的同时,地表改造受河流的侵蚀作用加强,黄河下蚀作用加强,形成深切河谷及阶地陡坎面。在盆地面升高的间歇期,河流以侧蚀作用为主,河谷加宽及阶地台面增大,多次反复运动后,黄河两岸呈现出多级阶地。

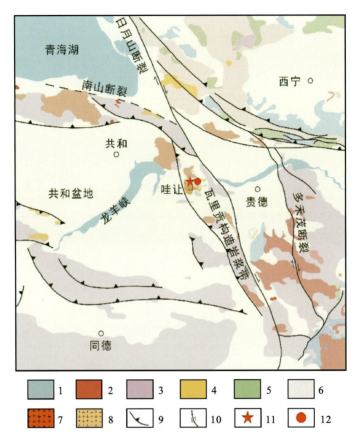

1.侏罗纪沉积岩;2.晚三叠世花岗岩;3.三叠纪复理石建造;4.晚古生代岩石;5.早古生代岩石;6.前寒武纪岩石;7.花岗闪长斑岩;8.花岗闪长岩;9.逆冲断层;10.走滑断层;11.释光取样点;12.岩石取样点

图 2-2 工程区周边地质简图及采样位置图

两个阶段转变以共和运动为标志。共和运动是共和-贵德盆地演化过程中的一次关键性构造运动,它不仅使盆地周围的山地进一步隆起,派生出褶皱和断层,而且对中更新世之后的盆地地貌发育起到了重要的控制作用,其形成时代约为早更新世中晚期。

工程区新构造活动主要表现为大面积抬升与坳陷差异运动,青藏高原的抬升运动奠定了贵德盆地的现有地貌格局,使黄河两岸底砾石层抬升至侵蚀基准面以上数十米至数百米(Zhang et al.,2014)。随着青藏高原的隆升及地壳在青藏高原东北缘的缩短,贵德盆地周边山体抬升,强烈的剥蚀作用将大量碎屑物源源不断输入盆地中。至早更新世末,盆地的沉积结束,中更新世末期的共和运动造成盆地隆起,在 140~80kaB.P. 时间段内,贵德盆地面比黄河面高出 900 多米(潘保田,1994)。晚更新世以来的多次构造抬升造成黄河的侵蚀作用加强,在盆地内形成多级阶地,同时也在河谷区形成了高陡边坡(赵无忌等,2016),影响工程区岩体的稳定性。

2.2 工程区及周边新构造运动特征

2.2.1 区域活动性断裂时空特征

新生代以来青藏高原向北推挤扩展运动过程中,受到塔里木陆块、阿拉善地块以及鄂尔多斯地块的阻挡作用,在这种受力特征与特定的边界条件下,高原北部的构造运动方向逐步发生偏转,并以边缘断裂的走滑方式反映相邻块体间的构造变形关系,高原内尤其是高原北部的各条形块体作顺时针弧旋滑移变形运动。南北向的挤压作用与高原北部特定的边界阻挡作用,引起青藏高原块体向东—南东东方向的挤出或逃逸运动,青藏高原晚新生代发育大量近东西—北西西走向的走滑断裂(图2-3),断裂分布的总特点是山麓断裂及其伴生的次级断裂密集分布。断裂基本控制了盆地的形成、演化,绝大多数断裂呈北西向或北西西向展布,但真正对哇让水电工程产生危害的是晚更新世以来一直活动的断裂带,它们的活动有可能对区域内重大水电工程造成严重危害。

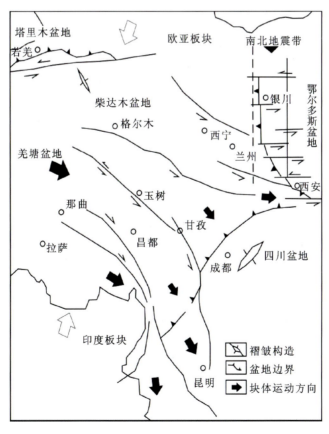

图2-3 青藏高原物质挤出示意图(据张家声等,2003)

工程区内断裂以逆冲或走滑逆冲为主,在沟口或两侧可见断层挤压破碎带,受到区域性北东向挤压作用的影响,呈现出沿北西西向断裂的左旋走滑和沿北北西向断裂的右旋走滑,形成一组共轭剪切断裂。北东向应力导致的地壳缩短则使得岩块沿断裂同时发生逆冲,在盆地周边形成高耸的山脉,同时也为盆地提供了大量的陆源碎屑。

此外,由于区域内大部分地区上覆松散薄层甚至有些地段基岩裸露,断裂(破碎带)线性分布特征明显。在印度板块北东向推挤作用之下,东昆仑断裂带以北地区应变被北西西向断裂的左旋走滑和北北西向断裂的右旋走滑运动分解。平面上,在形成初期,由于印度板块的推挤,断裂以北北西向展布者居多,在持续推挤力的作用下逐渐转变为北西—北西西,乃至近东西向。剖面上,活动断裂由形成初期的低角度逆掩逐渐转变为后期的高角度逆冲,直至大规模走滑运动(图2-4)。

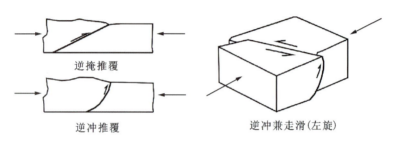

图2-4 走滑断裂的演化过程示意图

2.2.2 新构造隆升特征

受青藏高原隆升及构造变形作用影响,青海省内新构造运动活跃,黄河穿越青海省形成了盆山相间的构造地貌特征。盆地与峡谷区因为构造抬升和河流侵蚀下切等原因,斜坡岩土体结构的稳定性差,导致与地质构造、岩土性质、地形、地貌、气象水文密切相关的滑坡、崩塌和泥石流等地质灾害异常发育,在全世界都具有代表性和典型性。再者,在黄河形成演化过程中,由于侵蚀基准面下降,水系下切,为滑坡的产生提供临空和斜坡等地形条件。

工程区的地貌格架受到地质构造的控制,中更新世晚期以来受到南北向挤压应力的影响,整体上呈强烈隆升的趋势,河流下切作用成为改造区内地貌的主要动力。工程区河流阶地发育,由上到下可分为数级阶地,库区的地貌演化及河流下切受控于印度-欧亚陆陆碰撞导致的青藏高原区域构造隆升背景。通过对河流阶地上沉积物的胶结、风化程度及接触关系等发育特征的分析,前人确定黄河贵德段的河流阶地应主要形成于早更新世(吴环环,2017)。

从整体上来看,夷平面主要由山麓剥蚀面和盆地面构成。由于青藏高原的隆升,山麓面及早期山顶面受到剥蚀,大量物质加积在原盆地面上,形成多级层状地貌面,由盆地中部向外侧依次出现新盆地面(3100~3200m)、洪积面(3400~3500m)以及山麓面(4300~4500m),而由新近纪地层构成的原盆地面平均海拔2800m,自新近纪以来垂直变形幅度高达1700m,同时第四系沉积使盆地面升高400~500m。盆地面的升高显示出新生代以来本区以大面积持续抬升的特征。构造隆升为河流下切提供了驱动力,黄河下切速率可以反映构造隆升的幅度。前人研究表明,青藏高原东北缘 2.47Ma 以来平均隆升速率为 0.26mm/a;2.47~1.71Ma,隆升速率约为 0.51mm/a;1.71~0.41Ma,速率下降至 0.09mm/a;而 0.41Ma 以后又加速至 0.35mm/a。这暗示着青藏高原新生代以来的隆升具有阶段性。

2.2.3 地震活动性

青海省地震分布的总特点是次数多、频率高、震级大。20 世纪以来青海地区共发生 6 级以上强震 44 次,6.5 级以上强震 19 次,最大地震为昆仑山口西 8.1 级地震。纵观青海省 4 级以上地震震中分布图(图 2-5),共和-贵德盆地的地震基本集中分布在共和盆地中,而贵德盆地很少有 4 级以上地震。同时,从图 2-5 中也可以看出,活动断裂对地震震中分布的控制作用是显而易见的,地震震中多沿活动断裂带或附近地区分布。不同方向的活动断裂的交叉复合部位和同一活动断裂系分支断裂分布相对密集的部位是地震发生的有利地区。活动断裂不仅控制地震震中的线形分布,而且对地震地表破裂、地震变形、地震灾害和地震强度也有显著控制作用。山麓活动断裂带是地震的密集分布带,如唐古拉山北麓、昆仑山山麓、锡铁山南麓、祁连山南麓,都与印度板块的推挤引起的推覆或逆冲有关。总体上,南部地区的地震震中分布密度要大于北部地区。这主要是因为青藏高原的各地体离南部主俯冲边界越远,所受推挤作用启动时间越晚,作用力持续时间越短,挤压作用强度由南至北逐渐减弱,隆升幅度自南而北逐步降低。这也说明了青海省断裂活动呈现出南强北弱的运动趋势。

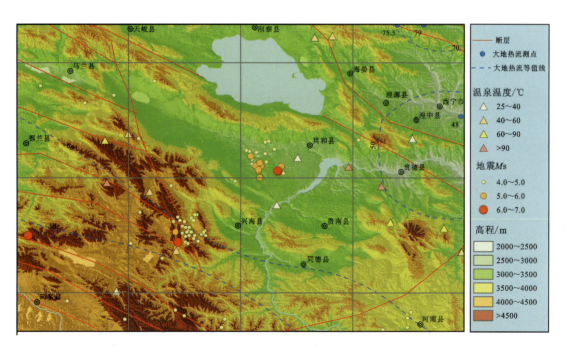

图 2-5 工程区及邻区地震及地貌图

2.3 近场区构造形迹

哇让抽水蓄能电站位于贵德盆地西北部,北部为拉脊山,黄河由此穿过,河谷两岸为基岩,岩石成分以砂岩及花岗闪长岩为主,上部被黄土层覆盖。

工程区在区域大地构造上受控于北部的祁连山造山带及南部的昆仑、秦岭造山带,属于祁连山造山带的南缘,在北西-南东方向上,西秦岭、黄河、拉脊山、湟水河以及祁连山等总体上构成了向形-背形相间的地貌格局(张会平,2006)。区内断裂构造发育,主要发育有曲合棱断裂(f_{5-1})和倒淌河-循化断裂(f_9)两条断裂,均为逆断层,与区域上以左旋走滑逆冲为主的东昆仑-西秦岭断裂、以右旋逆冲为主的鄂拉山断裂、日月山逆冲带相一致。

2.3.1 断层

曲合棱断裂(f_5)位于曲合棱河西岸,出露长度2.5km,推断长度8km。总体走向北西8°,倾向南西,倾角60°。为花岗闪长岩逆冲于上新统之上,破碎带宽15~20m,由角砾岩、碎粉岩、石英脉组成,影响带宽近100m。基岩剥蚀面被错断,垂直断距为110m,下更新统底界面垂直断距15m,表明第四纪以来断裂活动较弱。沿断裂进行追索,南段克尼岗一带断裂被下更新统所覆盖,在卫星影像上也没有任何线性影像的显示,结合相关资料(中国地震局地壳应力研究所,2009),综合判断断裂为第四纪早期断裂。

瓦里贡断裂带为北北西走向,断面倾角较陡(60°~80°),由多个延伸较短的断裂斜列构成断裂带,长约127km。该断裂活动始于三叠纪,在新生代再次活动。断层两侧可见不同地层相接,特别是中上三叠统隆务河组逆冲至共和组之上,场区干沟细粒闪长岩、花岗闪长岩岩体上存在多个分支断层及侵入岩上大量的裂缝,可见大量垂直镜面及镜面上的水平擦痕,反映出典型的右行走滑逆冲特征。平硐口断层(f_5)为压扭逆断层,断层带发育5~8m紫红色断层泥和石英脉,靠南西侧上盘发育擦痕和阶步。断层面陡倾,倾向北—北东(图2-6)。

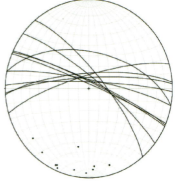

图2-6 场区平硐口压扭逆断层及断层面极射赤平投影图

第2章 区域构造活动和河谷演化对边坡岩体结构的影响研究

倒淌河-循化断裂（f_9）展布于贵德盆地北缘，东南至循化南山以东，区内长约200km。总体走向北西60°～70°，倾向北东或南西，倾角50°～70°。该断裂可划分西段德钦寺-阿什贡断裂、东段循化南山断裂。

场区南部冲沟断层一：断层切割节理，表明发育相对较晚，断层带宽80～40cm，发育石英脉、角砾，见少量擦痕，擦痕产状为350°∠40°（图2-7）。

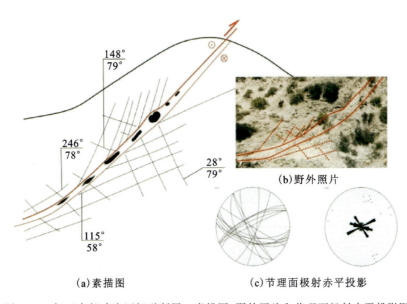

(a) 素描图　　　(b) 野外照片　　　(c) 节理面极射赤平投影

图2-7　场区南部冲沟压扭逆断层一素描图、野外照片和节理面极射赤平投影图

场区西南冲沟断层二：断层破碎带宽80～100cm，发育大量石英脉，断层面局部呈红褐色，见少量擦痕。断层面陡倾，产状为249°∠88°，线理产状为353°∠28°，角度较缓（图2-8），为压扭逆断层。

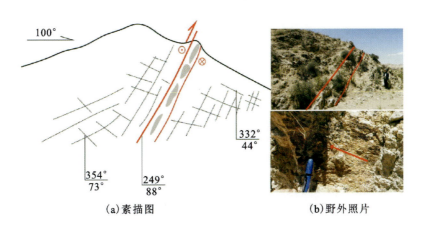

(a) 素描图　　　(b) 野外照片

图2-8　场区西南冲沟断层二素描图和野外照片

9号平硐断层破碎带：节理发育，岩石破碎，进洞20～25m处岩石较两侧破碎严重，推测为一断层破碎带(图2-9)。

图2-9　9号平硐内断层破碎带

2.3.2　节理

场区内岩石中节理较发育，节理的规模、密度、缝度、产状、张开度以及填充性等是影响岩石体稳定性的重要因素。

场区节理样式（产状、贯通性、密集程度等）在空间上具有较大变化，有多组特征不同的节理，总体以北西倾向为主，形成反倾的主要结构面，贯通性和延伸性强（图2-10）。近场区节理局部化特征明显，节理分带、密度及张开度差异较大，严格控制了不同块体破裂程度及风化程度。

就干沟东侧整体而言，节理发育带发育反坡向节理，节理间距大，岩块碎裂不明显[图2-10(a)]；节理密集带发育顺坡向节理，产状倾向150°～180°，倾角65°～70°，岩石呈厚板状[图2-10(b)]；共轭节理发育带其中一组顺坡向，另一组反坡向，整体顺坡向节理发育，岩石呈条块状[图2-10(c)]；在节理较发育处显示构造强化特征，可能与断层发育有关，如干沟中就发育有近东西向断层，出露有断层泥和断层碎裂岩[图2-10(d)]；干沟中部见有节理密集带，多组节理发育，产状紊乱，岩石强烈破碎[图2-10(e)、图2-11]；干沟南端节理发育带发育顺坡向节理，节理间距大，顺坡向劈理呈被限制状发育在节理间[图2-10(f)、图2-11]。

断层f_{5-1}上盘（上升盘）整体破碎强烈，明显强于下盘，是东西向区域性断层f_5的分支，向南延伸不远被第四系黄土覆盖，向北延伸与断层f_5交会。断层f_{5-1}具有右行平移性质，断面上擦痕和阶步发育[图2-12(a)]；近东西向断层破碎带中发育构造角砾岩、碎裂岩[图2-12(b)]；干沟西侧反坡向节理密集带岩块强烈破碎，顶部遭受强风化[图2-12(c)、图2-13]；干沟平硐口反坡向节理密集、顺坡向节理发育，岩石强烈破碎[图2-12(d)、图2-13]。

第 2 章　区域构造活动和河谷演化对边坡岩体结构的影响研究

图 2-10　干沟东侧岩壁构造变形特征图

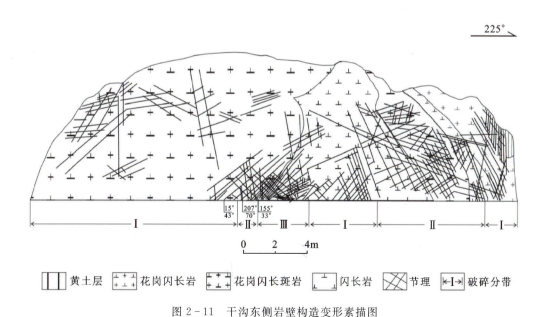

图 2-11　干沟东侧岩壁构造变形素描图

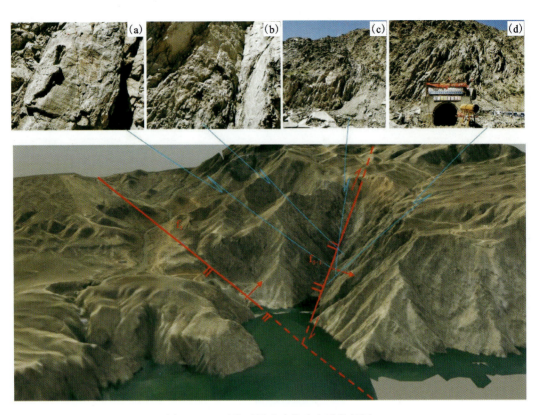

图2-12 干沟西侧岩壁构造变形特征图

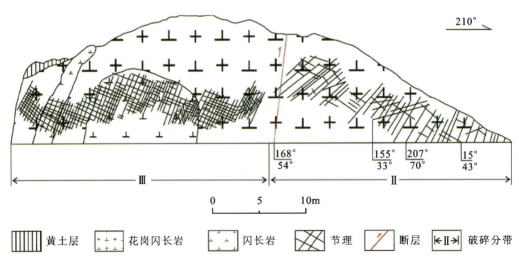

图2-13 干沟西侧岩壁构造变形素描图

考虑 Q_{p_3} 及上覆地层未见明显断层和节理,表明主要断层和节理的发育时代早于 Q_{p_3}。此外,工程区节理贯穿性强,陡倾,分布密集,河谷两侧并不对称分布,表明构造作用可能是节理发育的主要控制因素之一(图 2-14)。

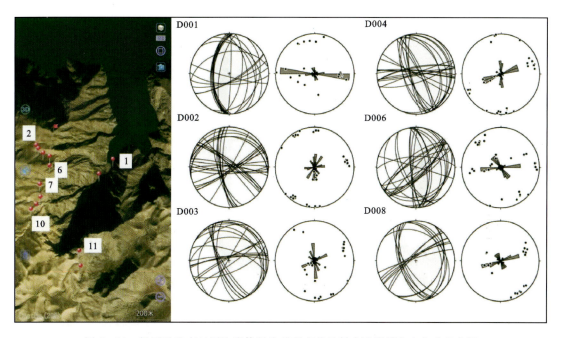

图 2-14 场区进出水口周边岩体露头节理产状极射赤平投影和走向玫瑰花图

2.4 阶地演变和岩体隆升速率定量重建及其对边坡卸荷的影响

2.4.1 河流阶地形成研究

1. 河流阶地发育特征

黄河自第四纪中更新世末期(共和运动)切穿龙羊峡连接共和盆地与贵德盆地以来,不断侵蚀改造河流两岸地貌,在其流经的山地峡谷及丘陵盆地地带形成了多级侵蚀堆积阶地和强烈的剥蚀、侵蚀山地地貌,在沿河两岸形成了高耸的岩土质陡坡。由于黄河水流运动方向向右岸偏移,右岸多呈侵蚀状态,左岸多呈堆积状态,形成不对称的"V"形河谷(图 2-15),谷坡陡峻。

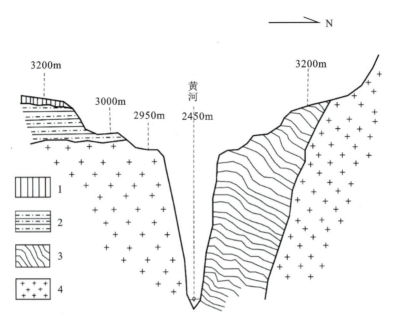

1.砂质黏土;2.第三系;3.三叠系;4.花岗岩侵入体。
图 2-15 黄河龙羊峡段河谷地貌剖面示意图

工程区位于黄河上游龙羊峡谷段黄河干流的右岸哇让岗附近,区内自上而下依次为上哇让平台(高程 2660~2700m)、哇让沟、哇让平台(高程 2845~2900m)、恰德尼亚平台(高程 3120~3210m)、南塔平台(高程 3000~3070m)、塔买儿平台(高程 2530~2700m)、克柔沟,该电站代表性方案的主要枢纽构筑物布置在哇让平台及以下山体内。平台为黄河的高级阶地,阶地上广泛分布有卵砾石和粉土层组成的二元结构。平台上发育有 3 条较大的冲沟,自西向东依次为上塔干沟、中塔干沟、下塔干沟。

新构造运动频繁且剧烈地脉动式上升,在河谷地区造就了多级阶地,工程区内黄河阶地在分布上受断块运动差异性影响,于强烈抬升的山地峡谷区和相对下降的盆地在阶地类型和级数中表现出较大差异。龙羊峡处于瓦里贡山隆起带上,黄河北岸发育多级阶地,曾划分出了Ⅰ~Ⅷ级甚至Ⅹ级以上的阶地(表 2-1)。其中较完整和明显的只有Ⅰ~Ⅴ级阶地,Ⅴ级以上阶地形成于早更新世—中更新世时期(Qp_1~Qp_2),Ⅱ~Ⅴ级阶地形成于晚更新世时期(Qp_3),Ⅰ级阶地在全新世(Qh)以来形成。除Ⅰ级阶地 T_1 为堆积阶地外,其余均为基座阶地,由于龙羊峡水库蓄水,阶地被淹没 5~6 级,河拔由高到低,砾石粒度逐渐变细,呈现出明显的河流二元结构。T_7~T_8 为第三纪沉积黏土层,河拔为 165~186m,阶地堆积砂砾石层,成分以砂岩为主,含石英、花岗岩、砾岩等,分选较好,粒径以 1~3cm、5~10cm 为主;T_9~T_{20} 均为第三纪沉积砂层,河拔为 210~510m,阶地堆积砂砾石层,砾石成分以砂岩为主,含石英、花岗岩、灰岩、砾石等,分选较好,粒径以 1~3cm、5~10cm 为主,其中 T_{19} 含有安山岩,粒径以 0.5~5cm、7~10cm 为主。

表 2-1 黄河龙羊峡段两岸河流阶地划分及其形成年代(周保等,2014)

年代/ka	共和托勒台		龙羊峡		贵德尼那		贵德县城南		李家峡		公伯峡		循化	
	阶地	切深/m	阶地	切深/m	阶地	切深/m	阶地	切深/m	阶地	切深/m	阶地	切深/m	阶地	切深/m
200	$T_9 \sim T_{12}$	141	$T_7 \sim T_9$	228	T_9	35	T_5	80	T_7	40				
150	T_3	82	T_5		T_7	40	T_4	38			T_3	30	T_4	81
80					T_5	41							$T_2 \sim T_3$	64
50	T_2	60	T_2	47	$T_3 \sim T_4$	40		14	T_3	31	T_2	20		
30							T_2	15	T_3	35				

2. 河流阶地年代学

河流阶地作为河谷地貌演化的典型历史产物,对其进行研究不但可以恢复河流地貌的演化历史,了解河流的演化机制,而且可以提取与构造运动和气候变化相关的信息。从外部因素来讲,河流阶地形成主要受气候变化和构造活动的影响。河流阶地的研究就是要恢复古河床纵剖面稳定和不稳定的活动历史,同时查明它们发生的时间和原因——构造活动或气候变化。因此,研究黄河上游龙羊峡河段阶地的形成时间和原因并与邻区河流阶地对比,可以反映青藏高原的地貌演化一致性和差异性。

1)测年方法

阶地年龄的测定是河流阶地研究的主要内容之一,因为测定阶地的形成年代不仅能为河流系统的演化过程、阶地的对比研究提供时间标尺,还能将所研究的阶地序列同已经建立的气候变化记录或构造事件进行对比,推测河流阶地的形成模式。然而,河流阶地研究的最大障碍往往也就是阶地形成年代的测定。与其他用途的测年技术不同,对河流阶地的测年要求测量技术精度至少要精确到 10ka,同时还要求测量范围足够长,最好适用于整个第四纪。

几十年来,第四纪测年技术有了长足的发展,但是完全满足整个第四纪阶地测年要求的技术手段却寥寥可数。^{14}C 测年精度较高,一般全新世样品精度在 0.5%,即 ±40a,可以保证冰期—间冰期时间尺度的精确测年,但是其测量范围通常只在 300~55 000a 之间,无法对整个第四纪阶地序列进行测定。宇生核素、ESR 测年方法可以满足第四纪绝大部分时间段的阶地沉积物的测年,但是其相对误差往往在 10%~50%。

光释光测年技术是 1985 年由 Huntley 教授等提出的,该技术是在热释光测年技术的基础上发展起来的第四纪测年方法,主要应用在晚更新世以来风成黄土、沙丘的形成演化以及相关的气候-环境演变时间序列、古水文演化、活动构造和古地震、海啸等方面。释光测年以矿物晶体的电离辐射效应为基础,矿物晶体的释光信号强度与该矿物吸收的环境电离辐射(α、β、γ 和宇宙射线)剂量呈正相关关系。光释光测年方法测定的是第四纪沉积物中石英、长石等矿物最后一次曝光后被埋藏的年龄,即沉积年龄(张克旗等,2015)。与第四纪地质和考古测年的其他方法(如^{14}C、U系和K-Ar法等)相比,光释光测年方法具有明显的特色和优势。该测年方法稳定成熟,测年范围较宽,在一定条件下,石英和长石的OSL测年可以测量小到百年,大到几十万年的沉积物年龄。光释光测年需要测定两个方面的内容:一个是样品埋藏阶段储存的释光总量,也称作等效剂量D_e;另一个是样品每年自环境中接受的辐射强度,即年剂量D_y。年代的计算公式:样品年龄=等效剂量D_e/年剂量D_y。

2)样品采集和前处理

光释光样品采集位置位于哇让平台周边阶地,采样时间为2022年8月3—6日,共采集了光释光样品7个。采样时,选取未被人工扰动且有一定垂直高度的剖面。在去除剖面最外层可能曝光部分后,将钢管垂直于剖面敲入土层中,由上至下依次采取代表性样品,拔出钢管后迅速用避光塑料将钢管两端包裹,防止样品曝光以及运输过程中含水量发生变化。

样品前处理在中国地质大学(武汉)湖北巴东地质灾害国家野外科学观测研究站光释光实验室完成。在实验室内的弱红光(中心波长为661nm的发光二极管阵光源)下,去除样品两端可能曝光、污染的部分,保留中心部位的样品供等效剂量测定。从样品中取出约50g测定含水量,之后烘干,充分研磨,直至全部通过63μm的筛子,供测定样品中U、Th、K含量。所测样品除2件为粗砂外,其余均为细砂,结合样品实际情况采取90~125μm(粗颗粒)和38~63μm(中颗粒)组分进行分析,处理流程依据较为复杂,周期一般为25~30d。

3)实验方法和测试流程

以上两种粒径石英组分的D_e值测定采用单片再生法(SAR)与标准生长曲线法(SGC)结合的实验方法(赖忠平等,2013)。本次实验程序是先用常规SAR法(表2-2)测试6个测片,然后将这些测片的SAR数据对每个样品分别建立一条SGC曲线。每个样品再制12个测片,在同样的测试参数下,只测试它们的自然剂量L_N和实验剂量T_N的光释光信号,将经过实验剂量释光信号校正后的天然光释光信号(L_N/T_N)插入该样品的SGC曲线中,求得该样片的等效剂量值D_e(张克旗等,2015)。

表2-2 SAR法测量流程(Murry et al.,2000)

步骤	操作	说明
1	辐照剂量D_i(i=0、1、2、3…)	i为循环数,当i=0时为天然剂量
2	预热260℃,时间10s	去除热不稳定信号
3	蓝光激发40s,激发温度为130℃	获得光释光信号L_x
4	辐照试验剂量(test dose)	用以校正释光感量变化
5	预热220℃,时间10s	去除热不稳定信号
6	蓝光激发40s,激发温度为130℃	获得实验剂量的光释光响应T_x
7	重复1~6步	下一个测量循环

光释光辐照和信号测量均在中国地质大学(武汉)湖北巴东地质灾害国家野外科学观测研究站光释光实验室的丹麦 Risø TL/OSL-DA-20 热/光释光自动测量系统上完成。该系统的辐照源为(^{90}Sr/^{90}Y)β 源。激发光源选择强度为 90% 的蓝光发光二极管($\lambda=470nm\pm20nm$)。测量释光信号时蓝光的激发温度为 130℃。释光信号通过厚 7.5mm 的 Hoya U-340 滤光片进入 9235QA 光电倍增管进行记录。

样品 U、Th、K 含量在青岛职业技术学院斯八达检测中心测定,其中 U、Th 含量采用 ICP-MS(Varian 820-MS)仪器测定,K 含量采用 ICP-OES(Varian 720-ES)仪器测定。粗颗粒石英由于前处理过程中 HF 已经刻蚀掉受 α 射线照射的石英表层和少量的 β 辐射,因此,在计算环境剂量率时不考虑 α 射线的贡献。根据 Aitken(1998)提出的石英矿物吸收环境剂量率与环境中 U、Th 含量和 K 含量等之间的转换关系,计算出各样品所吸收的环境剂量率。

4)测年结果可靠性分析

获得样品的 D_e 后,结合样品的采样位置(经纬度、海拔)、U、Th、K 元素的含量和含水量等相关数据对年剂量率进行计算,得到表 2-3 所示的测年结果数据及石英光释光信号衰减曲线、等效剂量生长曲线。从样品的光释光信号衰减曲线看,该批岩芯样品石英光释光信号可以在 4s 内迅速衰减至接近本底值水平,表明该批样品石英信号的可晒退性良好。此外,样品的光释光信号较强,信号以慢组分为主,为典型石英信号特征,说明长石在前处理过程中已经去除干净,测试矿物为纯石英,符合光释光测年的要求。从样品的等效剂量生长曲线来看,样品等效剂量生长曲线均无明显饱和趋势,其年龄可供参考。

结合表 2-3 及图 2-16 可以看出,G1~G7 样品的年代数据在误差范围内从 40~75ka 具有很好的连续性,年代序列自上而下逐渐变老,反映出所测样品中的石英埋藏之前晒退良好,测年结果可靠,可以较好地反映该地层的年代序列。

3. 河流下切速率初步讨论

通过河流阶地的高度和形成年代可以推算河流的下切速率。计算河流下切速率所用的阶地高度一般是基座高度或砾石层顶部高度。因为计算河流下切速率通常以河面为基准,而河床砾石层高度更接近河面高度,所以选用阶地砾石层高度来估算黄河下切速率更为合理。通过对哇让平台 80ka 以来地黄河下切速率进行研究发现,黄河下切速率自 80ka 以来整体表现出先快(75~61ka)后慢(60~40ka)的阶段性变化。其中,66~61ka 时期的下切速率最快,最高值可达 0.267m/ka。很明显,该时期黄河下切速率增高的现象是无法用气候变化来解释的,因为第四纪以来黄河流域虽然经历了数次冷暖和干湿交替的冰期—间冰期的气候旋回,但是气候变化的总体趋势是逐渐变干的,因此黄河下切的趋势应该是逐渐变慢。除气候变化外,能导致黄河下切速率变化的因素还有基岩岩性变化和地面抬升速率变化。工程区内基岩主要为印支期侵入的花岗闪长斑岩,早三叠世(T_1)砂板岩、灰岩,晚三叠世(T_3)火山岩、火山碎屑岩,上新统贵德组(N_2G_d)泥岩夹砂岩。覆盖层主要为第四纪早更新世(Qp_1)冲积粉质黏土层、冲积砂卵砾石层和粉土层,晚更新世(Qp_3)风积粉土层,全新世(Qh)冲洪积层、崩坡积层、泥石流堆积层及耕植土层。在龙羊峡段,该时期被黄河切割的多

表2-3 河流阶地样品光释光测年结果及其参数

样品编号	采样深度/m	测年物质	粒径/μm	测片数/个	含水量/%	K/%	Th/$\times 10^{-6}$	U/$\times 10^{-6}$	剂量率/(Gy·ka^{-1})	等效剂量/Gy	OSL年代/ka
G1	0.6	石英	90~125	12[b]+6[a]	0.12±0.05	2.23±0.07	10.5±0.53	2.48±0.12	3.89±0.08	155.22±6.72	39.91±1.89
G2	0.9	石英	90~125	12[b]+6[a]	0.12±0.05	2.12±0.06	9.81±0.49	2.46±0.12	3.7±0.07	188.24±7.34	50.88±2.21
G3	1.2	石英	90~125	12[b]+6[a]	0.12±0.05	2.6±0.08	12.2±0.61	2.31±0.12	4.31±0.08	233±7.42	54.03±2.01
G4	1.3	石英	90~125	12[b]+6[a]	0.12±0.05	2.35±0.07	11.2±0.56	2.37±0.12	4.00±0.08	245.56±8.97	61.44±2.53
G5	1.4	石英	38~63	12[b]+6[a]	0.12±0.05	2.44±0.07	11.1±0.56	2.06±0.10	4.08±0.08	264.5±14.8	64.84±3.83
G6	1.6	石英	38~63	12[b]+6[a]	0.12±0.05	2.78±0.08	14.5±0.73	2.12±0.11	4.69±0.09	307.3±12.65	65.59±2.98
G7	2.1	石英	38~63	12[b]+6[a]	0.12±0.05	2.56±0.08	13.4±0.67	2.01±0.10	4.34±0.08	327.2±14.08	75.47±3.55

注：a表示用SAR方法测量的样片数；b表示用SGC方法测量的样片数。

第 2 章 区域构造活动和河谷演化对边坡岩体结构的影响研究

⬚ 砂砾石　⬚ 粗砂　⬚ 细砂

图 2-16　光释光测年结果岩性柱状图

为岩性单一的晚更新世粉土层,没有出现软硬岩互层的现象,因此,基岩变化也不是引起黄河下切速率变化的主要原因,初步推测该阶段地面发生了快速抬升。当然,河流的下切速率并不完全等于地面的抬升速率,下切过程与岩体抬升过程可能保持了一定的平衡,抬升过程也是阶段性的。总之,不论是从阶地的时间分布序列来看,还是从阶地的空间分布序列来看,黄河龙羊峡段阶地序列的发育应该是冰期—间冰期的气候与地面抬升耦合的结果,这一结论后期会用更多的证据来支撑。模型模拟的结果表明,气候变化可以控制阶地的形成时代,但是河流下切形成阶地仍然需要地面抬升驱动,只有在地面抬升速率相对合适的情况下,气候变化引起的河流堆积-下切最终形成阶地的作用才能被很好地体现出来(表 2-3,图 2-17)。

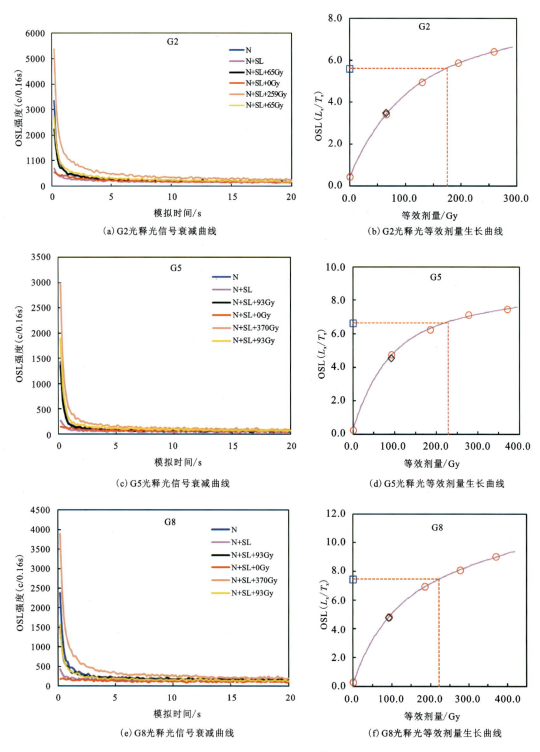

图 2-17 样品光释光信号衰减曲线和等效剂量生长曲线图

2.4.2 河谷演化过程模拟研究

1. 背景条件及模型建立

该边坡位于黄河右岸3#支沟的一侧，河谷演化始于约0.15MaB.P.共和运动，共和盆地结束沉降历史而转为抬升，黄河上游河段的扎马山—日月山隆升加剧，河流侵蚀基准面逐渐下降。现今龙羊峡谷段保存着三级宽谷面，最高级宽谷面高程为3200~3300m，由早、中更新世两侧盆地堆积期间的河流切割形成，并向上游延伸与共和盆地的共和组堆积面相连，向下游与贵德盆地的早、中更新世河湖相堆积面相连。较低的两级宽谷面形成于晚更新世黄河下切过程，分布较窄小，高程分别为3000~3100m、约2900m。根据边坡的高程范围（2300~2700m），推测边坡主要形成于宽谷期和峡谷期。

根据现场地质调查建立二维数值计算模型，通过不断改变模型边界力的作用方式和大小，使拟定的力调试至与现场实测值基本符合，以此边界为应力场的基础，采用Mohr-Coulomb弹塑性模型，开展河谷下切模拟。

以经过ZKX127、方向为北东76°的地质剖面为地质原型建立二维数值计算模型（图2-18），为了消除边界效应，X方向长度650m，Y方向由高程2200m到3000m，以体现深切河谷演化

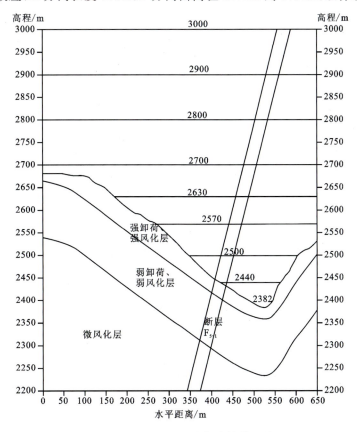

图2-18 岸坡河谷演化计算模型图

强烈应力释放的影响。主要考虑断层 F_{5-1} 的影响,其他影响忽略不计,以龙羊峡峡谷区的三级夷平面为基准,对河谷下切过程进行模拟。边坡所在河谷下切阶段经历了宽谷期和峡谷期,结合河谷微地貌与阶地发育特征,在 2 个主要下切阶段基础上分 3000m→2900m→2800m→2700m→2630m→2570m→2500m→2440m→2382m 八次分别下切,以模拟边坡河谷应力场的形成与演化特征。

2. 边界条件及计算参数

模型侧面和底部均采用法向约束,顶部则为自由边界,建立二维有限元计算模型,如图 2-19 所示。根据邻近工程相关经验及厂房部位最大水平主应力经验计算成果,本工程区第一主压应力 σ_1 值取 20~30MPa,强度应力比为 3~4,为高应力地区。受岩性差异、地质构造等影响,局部存在应力异常区。岩体侧压力系数为 1.5~1.8。采用应力试算法,先用重力加速度算出重力场,再在边界上施加梯度水平构造应力,然后进行河谷演化,得到现今的二次地应力场。经过多次试算,当施加大小为 $1.6\gamma h$(γ 为岩石重度;h 为岩层厚度)的水平构造应力时,得到的河谷现今地应力场与现场实测值较为符合。

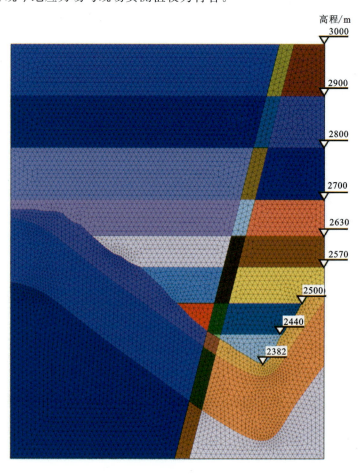

图 2-19 岸坡河谷演化二维有限元计算模型图

河谷下切阶段的参数取值参考相关资料分析和试验成果提供的岩体力学参数资料,并结合工程地质类比相应岩性及岩体质量特征,确定模型计算中的参数(表2-4)。在河谷下切完成后,根据卸荷和风化带进行现阶段参数设置,确定模型计算中的参数(表2-5)。

表2-4　河谷下切阶段岩体物理力学参数取值

岩土体	容重/(kN·m^{-3})	弹性模量/GPa	泊松比	黏聚力/MPa	内摩擦角/(°)	抗拉强度/MPa
岩体	27 200	42.5	0.22	1.5	50	1
断层 F_{5-1}	26 800	10	0.28	0.8	25	0.12

表2-5　河谷下切后风化卸荷阶段岩体物理力学参数取值

岩土体	容重/(kN·m^{-3})	弹性模量/GPa	泊松比	黏聚力/MPa	内摩擦角/(°)	抗拉强度/MPa
强卸荷带	26 800	10	0.28	0.8	25	0.12
弱风化带	27 100	39.6	0.24	1	45	0.22
基岩	27 200	42.5	0.22	1.5	50	1
断层 F_{5-1}	26 800	10	0.28	0.8	25	0.12

3. 演化过程计算结果分析

1)河谷形成前初始应力场分析

在河谷演化前岸坡地应力场均匀分布,应力分布符合一般规律,以压应力为主,最大主应力和最小主应力随着深度的增加而不断增大(谢富仁等,2003)(图2-20)。模型底部即深度2200m部位的最大主应力值约31.51MPa,最小主应力值约25.14MPa(图中拉应力为正,压应力为负),由于断层 F_{5-1} 的存在,同深度处最小主应力较高。

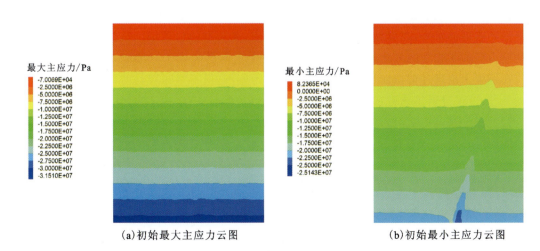

(a)初始最大主应力云图　　　　(b)初始最小主应力云图

图2-20　河谷演化前初始应力状态图

2)河谷形成过程中应力场分析

该边坡主要形成于峡谷期,结合河谷微地貌与阶地发育特征,河谷形成过程中的应力场变化主要从第四次下切后开始,应力场变化和河谷现阶段张量如图 2-21、图 2-22 所示。

(1)最大主应力。在河谷下切过程中,断层 F_{5-1} 对最大主应力 σ_1 的演化影响较小,高程方向上,最大主应力 σ_1 量值的大体趋势均为随着深度的增加而增大,且应力分布与地表形态大致呈平行的趋势,重力是影响最大主应力的最主要因素。岸坡表部最大主应力 σ_1 有一定程度的降低,但浅部最大主应力 σ_1 则明显升高,至一定深度后与早期应力基本相同,即岸坡最大主应力从坡表至坡里均经历先降低然后逐渐恢复到原始应力的过程。在河谷地表,局部出现起伏较大的地形,这就导致局部应力集中的现象。随着埋深的增加,应力集中的程度减弱,河谷部位形成了 σ_1 高应力包,最大主应力 σ_1 达到 38.37MPa。设置风化卸荷带之后,卸荷带范围内最大主应力 σ_1 明显降低,河谷的应力集中区(σ_1 高应力包)向坡体内部移动,最大主应力 σ_1 为 37.76MPa。

(2)最小主应力。在河谷下切过程中,断层 F_{5-1} 对最小主应力 σ_3 的演化影响较为显著,同一高程位置处,断层内部及附近部位的最小主应力 σ_3 增大,最小主应力云图出现偏转。总体上看,最小主应力值随着垂直埋深深度逐渐增大,但不同高程随深度增加的变化梯度不同,坡体中下部梯度明显相对较大;在坡表浅部区域内最小主应力出现了拉应力,随着与坡表距离的增加,其最小主应力逐渐由拉应力转化成压应力。设置风化卸荷带之后,边坡应力场不断重新调整,卸荷带范围内最小主应力 σ_3 明显降低,坡表的拉应力范围有明显扩大的趋势。

(3)最大剪应力。下切过程中,河谷底部逐渐出现应力集中效应,形成剪切应力包,应力包随下切的进行不断扩大,设置风化卸荷带之后,河谷的应力集中区(剪应力包)向坡体内部移动并不断扩大。

(4)应力张量。在河谷下切过程中,岸坡应力发生重分布,在岸坡的浅表层,岩体中最大主应力迹线逐渐与侧向临空面近平行,最小主应力迹线逐渐与侧向临空面近于正交,向坡内逐渐恢复初始应力状态。在斜坡浅表层部位,越靠近侧向临空面部位越明显,在河谷部位和断层 F_{5-1} 附近出现明显应力集中。其中,最大主应力张量在岸坡中部以上的浅部岩体中已经降低到很低的水平,在岸坡表面一带也接近于零,属典型的自重场。虽然河谷演化过程岸坡地应力经历了剧烈的变化过程,但现阶段岸坡中上部已经处于自重应力状态。即便这些部位在历史上出现过剪切变形,历史变化过程非常剧烈,但不意味着目前仍具备发生急剧变化的条件,这部分岩体的潜在变形和破坏都将受到自重的驱动,缺乏构造应力的残余条件。

3)河谷形成过程中应力演化路径分析

为研究岸坡代表性部位的最大主应力和最小主应力变化路径,在 $A_1(520,2369)$、$A_2(323,2498)$、$A_3(175,2497)$、$A_4(200,2583)$ 和 $A_5(105,2583)$ 设置应力监测点,如图 2-23 所示。

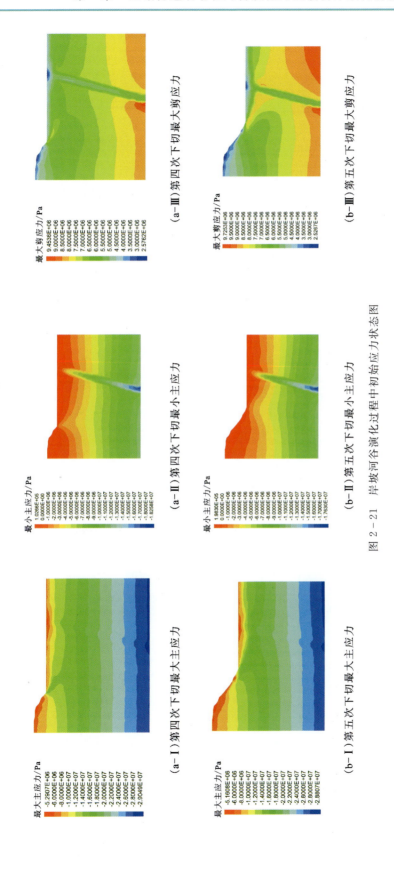

图 2-21　岸坡河谷演化过程中初始应力状态图

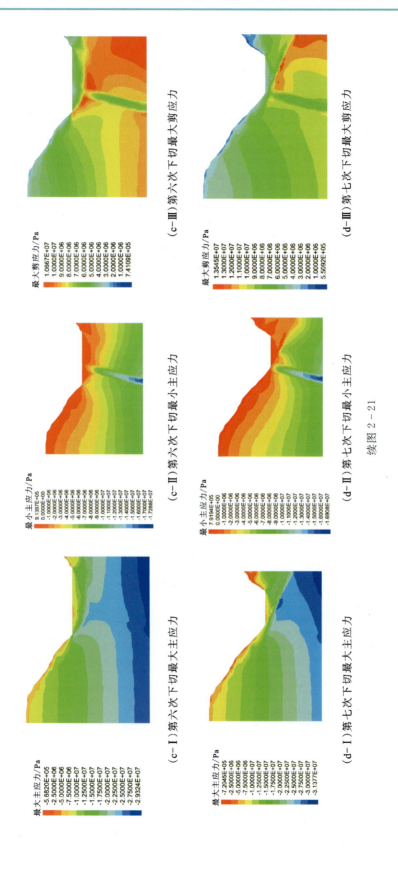

续图 2-21

第 2 章 区域构造活动和河谷演化对边坡岩体结构的影响研究

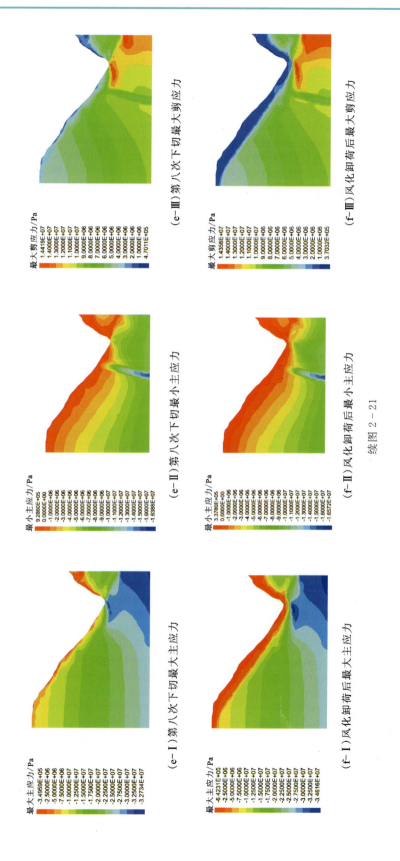

续图 2-21

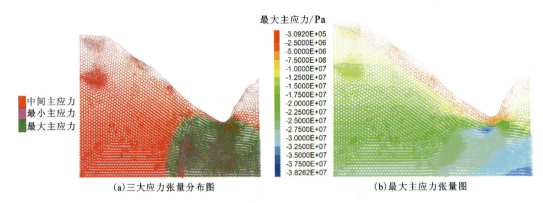

(a) 三大应力张量分布图　　　　　　　(b) 最大主应力张量图

图2-22　河谷下切到现阶段应力张量图

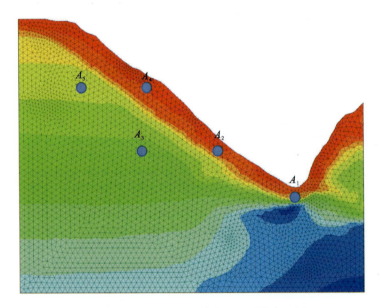

图2-23　河谷下切过程中应力监测点布置图

图2-24显示了河谷演化过程中,岸坡代表性部位的最大主应力和最小主应力变化路径。A_1点位于河床部位,在河谷演化过程中出现明显的应力集中,其余点均出现应力松弛现象,越靠近坡面的点(A_2和A_4),应力松弛幅度越大,其中最小主应力降低最突出,最大主应力也随之衰减。设置风化卸荷带之后,靠近坡面和河床部位的点(A_1、A_2和A_4)的应力大幅度降低,应力释放强烈,导致卸荷深度不断增大。

河床一带出现了强烈的应力集中,使得岸坡低高程受到一定影响。总体而言,岸坡从低高程到高高程地应力水平快速衰减,主要反映了河谷演化过程导致岸坡应力释放的差异,上部释放强烈从而导致卸荷深度大。因此,河谷演化过程中,应力的释放是岸坡岩体卸荷的重要原因。

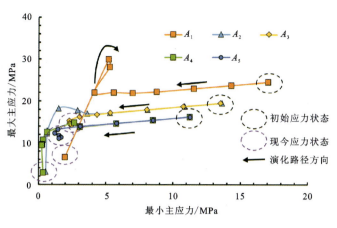

图 2-24 应力监测点的应力路径图

2.4.3 裂变径迹热年代学定量重建岩体隆升速率

1. 基本原理

裂变径迹热年代学能够以矿物的冷却年龄记录其从地壳深部冷却通过特定封闭温度所对应的地壳深度的时间(Fleischer et al.,1964)。磷灰石裂变径迹具有较低的封闭温度,记录了载体岩石在浅层地壳发生的冷却剥露历史,而盆地沉积物是造山带构造演化最直接、最具体的地质记录,因此盆地同造山沉积碎屑磷灰石裂变径迹热年代学方法已成为研究工程区域构造变形、造山带隆升过程等问题的关键手段。其中,对造山带隆升速率的测量方法主要有年龄-高程法,该方法主要适用于热历史稳定的研究区域,且要求所有样品在水平方向上的距离尽可能小,高程差尽可能大。当矿物颗粒形成并冷却到封闭温度时,矿物的年龄随着高程的不断变化而出现线性关系,如图 2-25 所示。因此,不同高程下矿物样品的裂变径迹年龄记录着其通过封闭温度的时间,利用这一点可以计算造山带的隆升速率,即隆升速率＝样品的高程差/样品裂变径迹的年龄差。

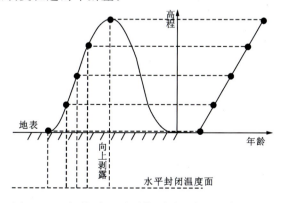

图 2-25 年龄-高程法计算剥露速率的基本原理图

2. 分析方法

分析方法为磷灰石裂变径迹定年及隆升速率定量分析。根据年龄-高程法原理,按每100m 高程间距采集一块样品,并参照 1∶5 万地形图对每个样品点进行 GPS 定位,采集 5 件样品,样品信息见表 2-6。试验首先在室内进行碎样、淘洗并在双目镜下挑选新鲜磷灰石,整个过程避免样品污染。样品经过初步处理后,全部送到中国地质大学(武汉)地质探测与评估教育部重点实验室裂变径迹实验室进行磷灰石裂变径迹年龄测试。磷灰石裂变径迹蚀刻条件为 21℃、5.5mol/L 的 HNO_3 中蚀刻 20s;测试过程中外表采用 NIST612 作标准;Zeta 常数 $\xi=352.4\pm29$;样品置于反应堆内进行辐照;径迹统计用 OLYMPUS 偏光显微镜在放大 1000 倍浸油条件下完成。对测出的数据进行分析,作出年龄-高程的隆升曲线和温度-年龄的冷却曲线,计算隆升速率。

表 2-6 样品信息表

序号	样品号	经度 E/(°)	纬度 N/(°)	海拔/m	岩性
1	WR01	101.0925	36.0768	2414	花岗闪长岩
2	WR02	101.0935	36.0795	2470	花岗闪长岩
3	ZK01	101.1022	36.0718	2900	花岗闪长岩
4	ZK02	101.1022	36.0718	3000	花岗闪长岩
5	ZK03	101.0890	36.0586	3150	花岗闪长岩

3. 分析结果

本次工作对 5 个样品进行磷灰石裂变径迹分析,分析结果见表 2-7,并使用放射图(图 2-26)绘制裂变径迹单个晶粒年龄值和 D_{par} 值的分布,反映其不同的退火动力学现象,并利用 Hefty(v1.7.5)软件绘制对应的径迹长度分布直方图(图 2-27)。

表 2-7 样品磷灰石裂变径迹测试结果表

样品号	N	N_s	$\rho_s/$ $(10^5 cm^{-2})$	$^{238}U/\times10^{-6}$ $(\pm1\sigma)$	$D_{par}/$ μm	$P(\chi^2)/$ %	离散度/ %	池年龄/ (Ma ±1σ)	中心年龄/ (Ma ±1σ)
WR01	34	247	6.43	15.34±0.33	1.94	0	25	101.6±2.2	82.6±4.1
R02	34	217	5.55	12.13±0.33	1.84	0	23	110.7±3.1	91.4±4.6
ZK01	33	494	13.4	25.75±0.80	1.96	0	26	125.9±3.9	98.9±4.7
ZK02	34	458	11.4	24.32±0.82	1.97	0	23	113.5±3.8	89±3.8
ZK03	35	423	10.9	24.52±0.92	1.95	0	28	107.75±4.0	90.6±4.7

注:N、N_s、ρ_s 分别表示磷灰石单颗粒数量、自发径迹数、自发径迹密度;^{238}U 表示样品 ^{238}U 浓度;D_{par} 表示样品径迹直径;$P(\chi^2)$ 表示 χ^2 的检验值。

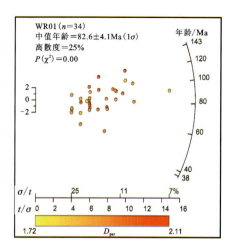
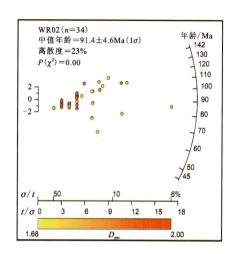
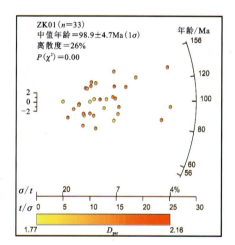
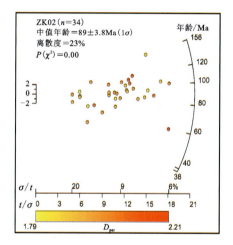
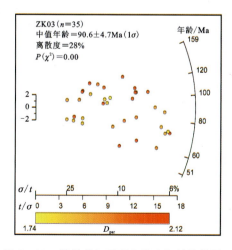

图 2-26 样品磷灰石裂变径迹年龄放射图

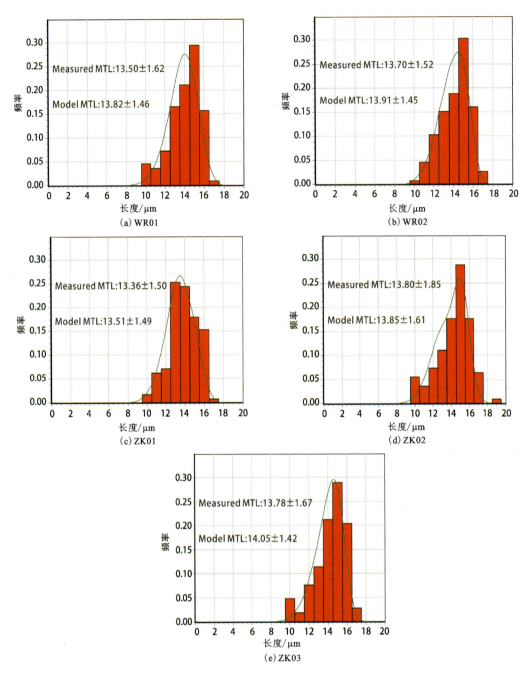

图 2-27 样品磷灰石裂变径迹长度频率分布直方图

注：Measured MTL 表示测量径迹长度；Model MTL 表示模拟径迹长度。

当磷灰石样品年龄通过卡方检验即 $P(\chi^2)>5\%$，表明其年龄满足泊松分布，属于同一组分年龄；未通过则表明样品单颗粒年龄属于混合年龄（Galbraith，1981）。虽然本次试验结果显示 5 个样品均未通过卡方检验，但样品的径迹长度分布直方图呈现较为明显的单峰式分布，且峰值都分布在 14～16 μm 之间，径迹长度分布较宽，具有负偏斜的特点，代表了岩石的缓慢冷却。另有文献表明,用 LA-ICPMS 方法测量磷灰石的^{238}U 含量时,不同微区的^{238}U 浓度不均匀可能导致磷灰石单颗粒年龄偏分散,造成卡方检验不再适用(Hasebe et al.,2004;Pang et al.,2017)。因此,不再对其年龄进行分解而直接利用其中值年龄。中值年龄是单颗粒年龄对数值的加权平均值,可以更精确评估 $P(\chi^2)<5\%$ 样品的年龄变化,并能给出标准偏态(Galbraith R F,1993)。

4. 岩体隆升速率及其影响

上文已经介绍计算岩体隆升速率的原理,ZK01、ZK02 两个钻孔样品的高程分别为 2900m 和 3000m,中值年龄分别为 (98.9 ± 4.7)Ma 和 (89 ± 3.8)Ma。根据年龄-高程法原理可知,岩石样品的磷灰石裂变径迹年龄随着海拔增高而增大。这两个样品的年龄不符合此规律,原因可能是样品被瓦里贡断裂带的新生代活动错断,无法利用年龄-高程法计算隆升速率。ZK03 只有一个样品且离其他两个采样点的水平距离过大,年龄-高程法也不适用。WR01、WR02 两个地表样品的高程分别为 2414m 和 2470m,中值年龄分别为 (82.6 ± 4.1)Ma 和 (91.4 ± 4.6)Ma,根据年龄-高程法计算公式得到其隆升速率为 6.36m/Ma。这与李小林全新世以来黄河上游龙羊峡地区地壳的平均隆升速度为 6.7mm/a 的研究结论相近(表 2-8),可为李小林的研究结论提供更为充分的证据。

表 2-8　黄河上游地区地壳平均隆升速度统计表(据李小林和龙作元,2009)

地点	晚更新世初期以来隆升速度			全新世以来隆升速度		
	幅度/m	时间/10^4a	速度/(mm·a^{-1})	幅度/m	时间/10^4a	速度/(mm·a^{-1})
龙羊峡	500	20	2.5	80	1.2	6.7
松坝峡	615	20	3.1	70	1.2	5.8
李家峡	341	20	1.7	38	1.2	3.2
公伯峡	365	20	1.3	35	1.2	2.9
积石峡		20		28	1.2	2.3

2.5　场区侵入岩岩相学和地球化学特征

2.5.1　样品采集及分析

本研究在黄河上游哇让一带共采集 7 件新鲜岩石样品开展岩相学和全岩地球化学分析。岩石样品在室内磨片,进行显微岩相鉴定分析。样品全岩地球化学均在湖北省地质实验测试中心完成,主量元素采用 PW2440 型荧光光谱仪(XRF)测定,微量元素采用 X_2 型电感耦合等离子质谱仪(ICP-MS)分析测定。

2.5.2 岩相学特征

场区现场勘查发现该区域岩体露头风化程度不高,节理或裂隙发育,偶夹细晶岩脉,呈块状构造,斑状结构,可见灰白色的斑晶。岩体中包含少量中基性捕虏体,基质成分主要为长英质,并含有少量高岭土、绢云母等次生蚀变矿物。岩相学研究样品分别采集于8#平硐和场区周边岩体露头。根据岩相学研究,岩石定名为灰白色花岗闪长斑岩,其特征如下。

主要矿物斑晶为石英(13%~18%)、斜长石(20%~35%)、钾长石(3%~9%)、黑云母(5%~10%)、角闪石(4%~6%)、辉石(2%)等,基质为长英质。斜长石斑晶呈自形、半自形板状,部分被基质溶蚀呈碎片状,粒径0.8~3mm,多具明显的环带结构[图2-28(a)],可见正环带、韵律环带,部分轻微黏土化或绢云母化,常发育聚片双晶[图2-28(b)]和卡纳复合双晶;钾长石斑晶呈自形—半自形板状,粒径长度多为0.5~1.5mm,无色透明,表面较浑浊,干涉色为Ⅰ级灰,负低突起,部分具卡氏双晶,部分样品中发生强烈绢云母化蚀变;角闪石斑晶呈自形、半自形柱状,粒径0.5~1.0mm,呈浅绿、浅褐至深绿、深褐色,有较强的多色性和吸收性,最高干涉色为二级蓝绿,具两组完全解理,正中至正高突起,部分发生绿泥石化、黑云母化[图2-28(c)];黑云母斑晶呈自形、半自形片状,粒径长度多为0.8~1.5mm,浅黄至深褐色,具有多色性,发育一组完全解理;石英斑晶呈半自形、他形粒状,表面较干净,粒径长度多为1.0~2.0mm,干涉色为灰白,部分石英斑晶中可见圆形或水滴状基质矿物集

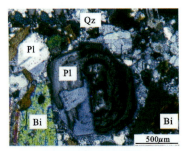

(a)斜长石斑晶的环带结构

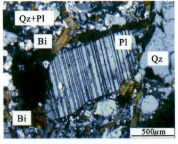

(b)斜长石斑晶的聚片双晶结构

(c)角闪石斑晶

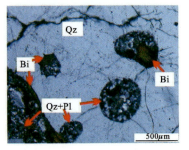

(d)石英斑晶内包含有水滴状基质矿物集合体

Qz. 石英;Pl. 斜长石;Bi. 黑云母;Amp. 角闪石。

图2-28 哇让花岗闪长斑岩显微照片

合体。辉石形状多为短柱状,多色性不明显,颜色为无色或淡绿色,具有辉石式解理,正高突起,二级蓝干涉色,消光角30°～52°,自形程度好,但多被熔蚀成港湾状,粒径长度0.2～1.7mm。基质为细粒—显微隐晶质结构,主要由细粒、隐晶质石英和长石组成。斜长石斑晶的环带结构和石英斑晶的基质捕虏体显示岩石由多期次岩浆活动形成,可能发生了岩浆混合作用。

2.5.3 地球化学分析结果

1. 主量元素

哇让花岗闪长岩体的SiO_2含量稳定,变化范围为63.24%～65.89%(表2-9),平均64.42%,Al_2O_3含量为13.41%～15.56%,CaO含量为3.94%～9.80%,Na_2O含量为2.17%～2.94%,K_2O含量为1.91%～3.38%,Na_2O+K_2O含量为4.08%～6.33%,里特曼指数$\delta=0.81$～1.77,平均1.58,为钙碱性岩。

表2-9 哇让花岗闪长岩主量元素分析结果表　　　　　　　　　　(单位:w_B/%)

样号	WR01	WR04	JW01	JW02	JW03	JW04	JW05
Na_2O	2.92	2.94	2.84	2.91	2.88	2.92	2.17
MgO	2.49	2.10	2.92	2.65	2.47	2.43	2.29
Al_2O_3	15.43	15.07	15.56	15.33	15.49	15.36	13.41
SiO_2	64.60	65.89	63.24	64.18	64.63	64.75	63.65
P_2O_5	0.12	0.11	0.12	0.13	0.12	0.12	0.19
K_2O	3.07	3.38	3.14	2.99	3.23	3.15	1.91
CaO	4.83	3.94	5.22	4.92	4.68	4.71	9.80
TiO_2	0.60	0.54	0.64	0.62	0.62	0.62	0.61
MnO	0.09	0.08	0.10	0.10	0.09	0.09	0.26
Fe_2O_3	0.64	0.90	0.66	0.75	0.71	0.69	0.50
FeO	4.22	3.32	4.62	4.45	4.12	4.15	4.15
LOI	0.22	1.06	0.13	0.18	0.19	0.25	0.29
FeOT	4.79	4.12	5.21	5.12	4.75	4.77	4.60
K/N	1.05	1.15	1.11	1.03	1.12	1.08	0.88
A/CNK	0.91	0.96	0.88	0.90	0.92	0.91	0.57
A/NK	1.90	1.77	1.92	1.91	1.88	1.87	2.37

注:$FeOT=w(FeO)+w(Fe_2O_3\times 0.8998)$;$K/N=w(K_2O)/w(Na_2O)$;$A/CNK=w(Al_2O_3)/w(CaO+Na_2O+K_2O)$;$A/NK=w(Al_2O_3)/w(Na_2O+K_2O)$。

在 TAS 图解中(图 2-29),样品全部落入花岗闪长岩区域,在 K_2O-SiO_2 图解中,样品均落在高钾钙碱性系列区域内(图 2-30)。另外,样品的 A/CNK 值为 0.57~0.96,A/NK 值为 1.77~2.37,在 A/NK-A/CNK 图解中落入准铝质区域内(图 2-31),在 $(Na_2O+K_2O)/10\,000(Ga/Al)$ 图解中落在 I&S 型花岗岩区域内(图 2-32)。

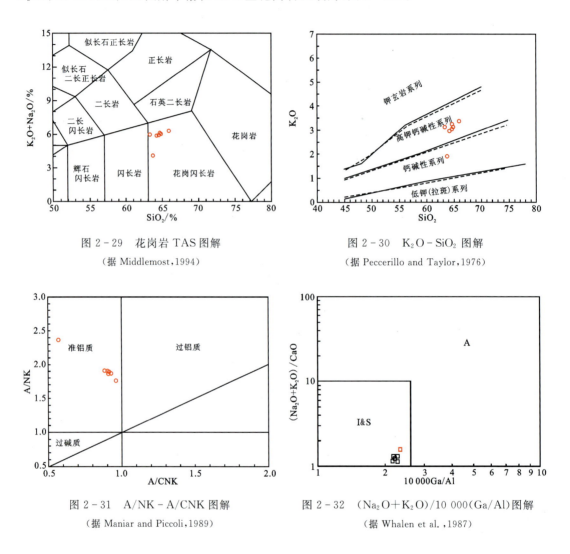

图 2-29　花岗岩 TAS 图解
(据 Middlemost,1994)

图 2-30　K_2O-SiO_2 图解
(据 Peccerillo and Taylor,1976)

图 2-31　A/NK-A/CNK 图解
(据 Maniar and Piccoli,1989)

图 2-32　$(Na_2O+K_2O)/10\,000(Ga/Al)$ 图解
(据 Whalen et al.,1987)

2. 微量元素

哇让花岗闪长岩样品的微量元素分析结果如表 2-10 所列。图 2-33 为原始地幔标准化的微量元素蛛网图,岩石富集大离子亲石元素(如 Rb、Th、U、K),亏损高场强元素(如 Nb、Ta、Ti),Zr、Hf 等中等不相容元素富集一般,弱不相容元素 Y 丰度略低,含量为 $22.6\times10^{-6}\sim25.2\times10^{-6}$,富集一般。岩体的 $w(Nb)/w(Ta)$ 值为 10.20~13.98,$w(Sr)/w(Y)$ 值为 8.92~17.86,$w(Rb)/w(Sr)$ 值为 0.18~0.56,$w(La)/w(Y)$ 值为 1.36~1.53(较低)。

表2-10 哇让花岗闪长岩微量元素分析结果表　　　　单位：$w_B/10^{-6}$

样号	WR01	WR04	JW01	JW02	JW03	JW04	JW05
Sc	14.28	12.05	15.71	15.26	14.9	13.93	13.53
Li	46.30	54.68	52.43	45.42	47.91	46.79	47.22
Be	2.039	2.172	2.383	2.032	2.162	2.416	2.004
Co	14.49	12.02	16.30	15.29	14.13	14.39	14.32
Cu	14.58	8.85	14.36	14.64	15.63	14.60	11.71
Ga	18.04	18.56	17.82	18.48	17.86	18.72	16.38
Rb	126.5	125.3	131.5	124.2	129.4	127.6	81.4
Zr	146.1	160.1	145.7	153.3	153.1	161.2	155.0
Nb	10.13	10.40	9.37	9.64	10.32	9.88	7.58
Cs	13.93	8.02	13.05	12.58	12.39	13.19	18.57
Hf	3.275 2	3.447 7	3.275 2	3.361 5	3.447 7	3.706 5	3.447 7
Ta	0.993	0.919	0.767	0.727	0.946	0.889	0.542
Ti	0.655	0.607	0.684	0.653	0.647	0.665	0.436
Pb	23.31	21.77	22.57	22.47	22.94	23.82	17.83
Th	14.85	16.28	13.3	13.85	14.87	14.75	11.98
U	3.532	1.853	2.988	3.263	3.242	3.308	3.170
Sn	4.53	3.64	3.83	4.38	4.61	5.47	3.53
Ba	352.4	421	373.3	360.8	391.9	374.3	286.7
Cr	45.66	46.07	71.16	45.10	53.00	51.53	53.38
Ni	11.62	14.69	22.27	13.06	12.49	12.45	15.42
Sr	230.7	224.4	249.6	238.8	239.6	240.5	443.0
V	69.67	59.56	82.92	74.34	73.81	69.79	70.07
Zn	61.64	59.51	75.01	68.80	65.29	66.68	65.30

3. 稀土元素

哇让花岗闪长岩样品的稀土元素分析结果如表2-11所示。从表2-11中可以看出,样品的稀土元素总量 $w(\sum REE)=150.79\times10^{-6}\sim166.59\times10^{-6}$;轻、重稀土元素含量比值 $w(LREE/HREE)=7.86\sim8.84$,$w(La)_N/w(Yb)_N$ 值在 $9.07\sim10.18$ 之间,远大于1,说明轻、重稀土元素分异明显,轻稀土元素明显富集,δEu 值为 $0.56\sim0.66$,显示出明显的Eu负异常。

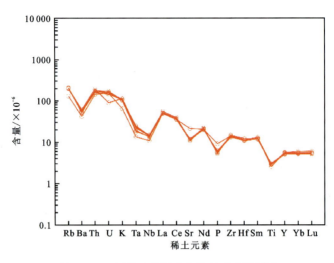

图 2-33 原始地幔标准化微量元素蛛网图

（标准化数值据 Tayloy and McLennan，1985）

表 2-11 哇让花岗闪长岩稀土元素分析结果表　　　　　单位：$w_B/10^{-6}$

样号	WR01	WR04	JW01	JW02	JW03	JW04	JW05
La	34.01	34.83	33.68	32.98	36.99	33.98	33.85
Ce	62.76	65.26	63.15	61.21	68.57	62.84	61.67
Pr	7.54	7.93	7.64	7.33	8.02	7.46	7.42
Nd	27.58	28.46	28.50	26.67	29.35	27.15	27.31
Sm	5.22	5.68	5.38	5.27	5.66	5.10	5.27
Eu	1.00	1.00	1.03	0.99	1.07	0.97	1.12
Gd	4.45	4.94	4.87	4.49	4.64	4.37	5.03
Tb	0.81	0.85	0.82	0.78	0.85	0.78	0.84
Dy	4.10	4.55	4.41	4.21	4.43	4.15	4.45
Ho	0.84	0.88	0.84	0.82	0.86	0.83	0.88
Er	2.55	2.79	2.65	2.58	2.68	2.48	2.66
Tm	0.43	0.49	0.45	0.46	0.47	0.45	0.47
Yb	2.60	2.87	2.64	2.61	2.61	2.51	2.67
Lu	0.39	0.43	0.39	0.40	0.40	0.37	0.40
ΣREE	154.29	160.97	156.46	150.79	166.59	153.44	154.03
LREE/HREE	8.54	8.04	8.16	8.23	8.84	8.63	7.86
$(La)_N/(Yb)_N$	9.39	8.72	9.14	9.07	10.18	9.71	9.10
δEu	0.62	0.56	0.60	0.61	0.62	0.61	0.66

注：$\delta Eu = w(Eu)_N / \{[w(Sm)_N + w(Gd)_N]/2\}$，$w(Eu)_N$、$w(Sm)_N$、$w(Gd)_N$、$w(La)_N$、$w(Yb)_N$ 均为球粒陨石标准化值。

在球粒陨石标准化稀土元素配分模式图中(图 2-34),曲线明显右倾,轻稀土元素曲线较重稀土元素曲线陡峭,中等程度负 Eu 异常。总体上呈现出轻、重稀土元素分馏较明显,轻稀土富集、重稀土亏损的右倾平滑曲线特征。具有铕的负异常,说明岩浆发生了斜长石分离结晶作用。

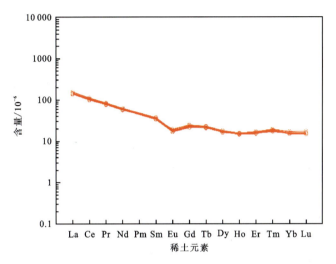

图 2-34 球粒陨石标准化稀土元素配分模式图

(标准化数值据 Sun and McDonough,1989)

2.5.4 讨论

1. 岩石成因

哇让花岗闪长岩的主量元素地球化学特征表明,岩石 $w(SiO_2)=63.24\%\sim65.89\%$, $w(Al_2O_3)=13.41\%\sim15.56\%$, $w(CaO)=3.94\%\sim9.80\%$, $w(Na_2O)=2.17\%\sim2.94\%$, $w(K_2O)=1.91\%\sim3.38\%$,里特曼指数平均值为 1.58。$w(Na_2O+K_2O)/w(CaO)$-$10000w(Ga/Al)$ 图解中落在 I&S 型花岗岩区域。样品的 A/CNK 值为 $0.57\sim0.96$(A/CNK<1.1),P_2O_5 的含量较低 $[w(P_2O_5)=0.11\%\sim0.19\%]$,这与 S 型花岗岩富铝(A/CNK>1.1)且有较高的 P_2O_5 含量$[w(P_2O_5)>20\%]$不同。样品的 $w(Rb)/w(Sr)$ 值为 $0.18\sim0.56$,前人研究表明,$w(Rb)/w(Sr)$ 值可以灵敏地记录源区物质的性质:$w(Rb)/w(Sr)>0.9$ 时,为 S 型花岗岩;$w(Rb)/w(Sr)<0.9$ 时,为 I 型花岗岩。因此,哇让花岗闪长岩应属于 I 型花岗岩。

岩体较低的 δEu 值($0.56\sim0.66$),显示中等程度的负 Eu 异常;轻稀土富集、重稀土亏损,二者分馏较明显。这些特征表明该侵入岩为地壳重熔型花岗岩,岩浆源于上地壳物质的重熔。岩体富集 Rb、Th 等大离子亲石元素,同时亏损 Nb、Ta、Ti 等高场强元素,具有陆壳或弧岩浆特征,较低的 A/CNK 值暗示成岩物质来源于地壳。哇让花岗闪长岩的 $w(Nb)/$

$w(Ta)$值为10.20～13.98,与大陆地壳的比值10～14一致;$w(La)/w(Nb)$值(3.35～4.47,平均3.60)均大于1.0,而不同于地幔来源的岩浆。在球粒陨石标准化稀土元素配分曲线图上,曲线总体表现为右倾,可能是残留体中角闪石含有较多的重稀土元素,是在陆壳底部高压力的作用下,源区岩石发生脱水部分熔融形成。综上,哇让花岗闪长岩的母源岩浆应来自地壳。

2. 构造环境

图2-35为哇让花岗闪长岩构造环境判别图,由图2-35(a)、图2-35(b)可知,样品均落入火山弧花岗岩与同碰撞花岗岩区域内;R_1-R_2图解[图2-35(c)]中,样品落入板块碰撞前的环境特征;$w(Th)/w(Ta)-w(Yb)$图解[图2-35(d)]中落在活动大陆边缘区域内,暗示哇让花岗岩的形成与大洋板片的俯冲有关。

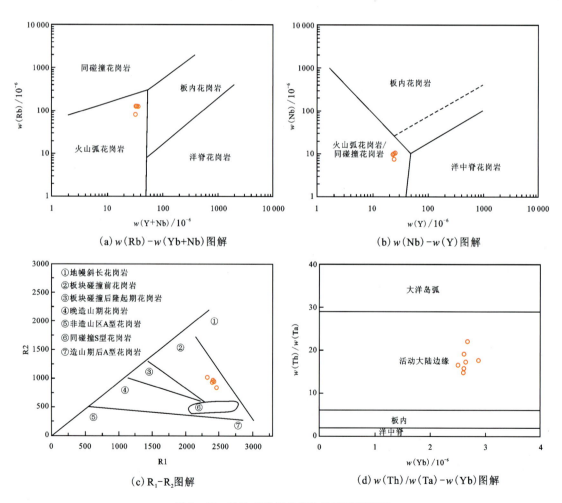

图2-35 哇让花岗闪长岩构造环境判别图

(a)和(b)底图据Pearce et al.,1984;(c)底图据Batchelor and Bowden,1985;(d)底图据Gorton and Schandl,2000

2.6 岩石结构与稳定性的关系

岩石的结构包括组成矿物的颗粒绝对大小、相对大小、形态、结晶程度及相互关系等。场区岩石体均为侵入岩,侵入岩的矿物结构大小与稳定性有一定的关系。场区侵入岩有细粒的闪长岩、中粗粒的花岗闪长岩以及似斑状花岗闪长岩,岩石的大小结构在一定程度上会影响岩块遭受风化剥蚀(图2-36),但边坡岩体卸荷主要是受构造演化的影响。

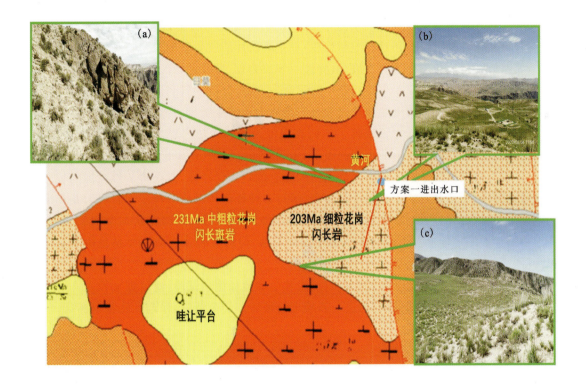

图2-36 场区岩石结构调查图

近场区发育多个小平台,是新生代差异性构造抬升与多期次河流快速下侵和缓慢堆积共同作用的结果。野外调查结果显示,中粗粒花岗闪长岩明显抗风化能力强,地表突兀[图2-36(a)],细粒闪长岩抗风化能力相对较弱而遭受强风化剥蚀后形成较低矮的小平台[图2-36(b)]。由于颗粒大小的结构差异,抗风化能力强的中粗粒花岗闪长岩形成较高的平台并与抗风化能力弱的细粒闪长岩平台界线明显[图2-36(c)]。前人研究结果表明,场区侵入岩虽然均形成于中生代,但中粗粒花岗闪长岩就位年龄(231Ma)明显早于细粒闪长岩的就位年龄(203Ma)。

2.7 本章小结

（1）运用大陆动力学和构造演化观进一步厘定了研究区及邻区构造格架和构造单元，将研究区新生代构造演化划分为两个主要阶段，认为晚更新世以来的多次差异性快速构造隆升和河流多阶段侵蚀对研究区岩石体稳定性有较大的影响，新生代不同隆升阶段的隆升速率不同。

（2）通过区域资料消化和实地野外考察，进一步梳理了区域活动性断裂的时空分布特征，明确了近场区断裂构造及节理构造形迹的几何学、运动学特征，认为近场区断裂构造在新生代不仅具有逆冲性质，还具有走滑性质；在走滑逆冲断层和密集发育的顺坡向节理控制下，致密坚硬的侵入体发生了强烈破裂，并进一步碎裂化，导致近场区局部地质体失稳。

（3）利用光释光测年获得多组构造年代学数据，综合分析了研究区河流阶地发育时空演化特征，重建了研究区黄河下切演化过程及三维应力场演变历程。

（4）利用低温热年代学方法获得了不同高程侵入体的磷灰石裂变径迹年龄，结合年龄-高程的隆升曲线和温度-年龄的冷却曲线，初步刻画研究区中、新生代隆升速率和冷却速率。

（5）镜下观察系统了解了研究区内花岗闪长岩的岩相学特征，并获得7件花岗闪长岩全岩地球化学主量、微量及稀土元素含量特征，通过多种投图和对比分析了岩石成因及其形成构造背景，场区侵入岩有细粒的闪长岩、中粗粒的花岗闪长岩以及似斑状花岗闪长岩，岩石的大小结构在一定程度上会影响岩块遭受风化剥蚀，但边坡岩体卸荷主要是受构造演化的影响。

（6）鉴于以上区域构造活动、河谷演化、岩相学和地球化学试验，建议加大投入开展构造演化、隆升阶段与冷却速率的研究，进一步梳理边坡岩体卸荷特征、稳定性特征与断裂、节理几何学、运动学特征的关系。

参考文献

赖忠平，欧先交，2013.光释光测年基本流程[J].地理科学进展，32(5):683－693.

李小林，马建青，胡贵寿，2007.黄河龙羊峡-刘家峡河段特大型滑坡成因分析[J].中国地质灾害与防治学报，18(1):28－32.

李小林，龙作元，2009.青海地质环境[M].北京:地质出版社.

潘保田，1994.贵德盆地地貌演化与黄河上游发育研究[J].干旱区地理，17(3):43－50.

吴环环，吴学文，李玥，等，2019.黄河共和-贵德段河流阶地对青藏高原东北缘晚期隆升的指示[J].地质学报，93(12):3239－3248.

谢富仁，崔效锋，赵建涛，2003.全球应力场与构造分析[J].地学前缘(S1):22－30.

张家声，李燕，韩竹均，2003.青藏高原向东挤出的变形响应及南北地震带构造组成[J].

地学前缘(8):168-175.

张克旗,吴中海,吕同艳,等,2015. 光释光测年法:综述及进展[J]. 地质通报,34(1):183-203.

张宏飞,靳兰兰,张利,等,2006. 基底岩系和花岗岩类 Pb-Nd 同位素组成限制祁连山带的构造属性[J]. 地球科学:中国地质大学学报,31(1):57-65.

张会平,2006. 青藏高原东缘、东北缘典型地区晚新生代地貌过程研究(学位论文)[D]. 北京:中国地质大学(北京).

赵无忌,殷志强,马吉福,等,2016. 黄河上游贵德盆地席芨滩巨型滑坡发育特征及地貌演化[J]. 地质论评,62(3):709-721.

周保,彭建兵,殷跃平,等. 黄河上游拉干峡-寺沟峡段特大型滑坡及其成因研究[J]. 地质论评,60(1):138-144.

AITKEN M J,1998. An Introduction to Optical Dating[M]. Oxford:Oxford University Press:39-50.

BATCHELOR R A,BOWDEN P,1985. Petrogenetic interpretation of granitoid rock series using multicationic parameters[J]. Chemical Geology(48):43-55.

FLEISCHER R L,PRICE P B,1964. Glass dating by fission fragment tracks[J]. Journal of Geophysical Research(69):331-339.

GALBRAITH R F,GREEN P F,1993. Estimating the Component Ages in A Finite Mixture[J]. Nuclear Tracks and Radiation Measurements,17(3):197-206.

GORTON M P,SCHANDL E S,2000. From continents to island arcs:A geochemical index of tectonic setting for arc-related and within-plate felsic to intermediate volcanic rocks[J]. Canadian Mineralogist,38(5):1065-1073.

HASEBE N,BARBARAND J,JARVIS K,et al.,2004. Apatite fission-track chronometry using laser ablation ICP-MS[J]. Chemical Geology,207(3-4):135-145.

HUNTLEY D J,GODFREY-SMITH D I,THEWALT M L W,1985. Optical dating of sediments[J]. Nature(313):105-107.

MANIAR P D,PICCOLI P M,1989. Tectonic discrimination of granitoids[J]. Geological Society of America Bulletin(101):635.

MIDDLEMOST E A K,1994. Naming materials in the magma/igneous rock system[J]. Annual Review of Earth & Planetary Sciences,37(3-4):215-224.

MURRAY A S,WINTLE A G,2000. Luminescence dating of quartz using an improved single-aliquot regenerative-dose protocol[J]. Radiation Measurements(32):57-73.

PANG J Z,ZHENG D W,MA Y,et al.,2017. Combined apatite fission-track dating, chlorine and REE content analysis by LA-ICPMS[J]. Science Bulletin,62(22):1497-1500.

PEARCE J A,HARRIS N B,TINDLE A G,1984. Trace element discrimination diagrams for the tectonic interpretation of granitic rocks[J]. Journal of Petrology,25(4):956-983.

PECCERILLO A,TAYLOR S R,1976. Geochemistry of Eocene calc – alkaline volcanic rocks from the Kastamonu area,northern Turkey[J]. Contributions to Mineralogy and Petrology,58(1):63 – 81.

SUN S S,MCDONOUGH W F,1989. Chemical and isotopic systematics of ocean basalt:Implications for mantle composition and processes[J]. Geological Society Special Publication(42):313 – 345.

TAYLOR S R,MCLENNAN S M,1985. The continental crust:Its composition and evolution[M]. Oxford:Black – well,12 – 312.

WHALEN J B,CURRIE K L,CHAPPELL B W,1987. A – type granites:geochemical characteristics,discrimination and petrogenesis[J]. Contributions to Mineralogy and Petrology,95(4):407 – 419.

WU C,ZUZA A V,CHEN X H,et al.,2019. Tectonics of the Eastern Kunlun Range:Cenozoic reactivation of a Paleozoic – Early Mesozoic orogen[J]. Tectonics,38(5):1609 – 1650.

ZHANG H P,ZHANG P Z,DANIEL C J,et al.,2014. Pleistoncene drainage reorganization driven by the isostatic response to deep incision into the northeastern Tibetan Plateau[J]. Geology,42(4):303 – 306.

第3章 工程区卸荷岩体发育特征及高陡边坡分级研究

3.1 基于三维激光扫描的岩体结构面智能识别与信息提取

地面三维激光扫描技术(Terrestrial Laser Scanning,TLS)可以获取真实场景下高精度和高密度的激光点云数据。近年来,三维激光扫描技术作为一种新的测绘手段,在岩体结构智能测量等方面得到了一定的应用。与罗盘、测绳等传统测量方法相比,三维激光扫描技术具有如下优势:①可以短时间内获取扫描物体的高精度点云数据,能够捕捉扫描物体表面的细节形貌参数;②借助人工智能算法,可以从点云数据中智能识别岩体结构面,并自动提取结构面的几何参数,从而为岩体发育特征与高边坡稳定分级提供基础数据;③可以远程、非接触式采集数据,测量人员不可达到的位置也可以进行测量;④测量速度快,操作简单,相较传统的测量方法可大大节省人力物力(郑德华等,2005)。

三维激光扫描技术在本项目中的应用主要涉及以下步骤:边坡点云数据采集、点云数据预处理、岩体结构面智能识别与信息提取、岩体发育特征评价、高边坡分级研究。

3.1.1 边坡点云数据采集

采用 Optech Polaris LR 型三维激光扫描仪对青海贵南哇让抽水蓄能电站工程研究区域露头进行扫描,该仪器扫描距离最远可达 2000m,能够满足长距离精细测试要求。研究区域地理位置及三维激光扫描测点位置见图 3-1。

3.1.2 点云数据预处理

点云数据预处理主要涉及点云数据由工作坐标向大地坐标转换、点云数据拼接等环节。

工作坐标原点位于三维激光扫描仪机身处,与大地坐标不一致。岩体结构面的间距、迹长与粗糙度不受坐标系影响,但是产状信息与坐标系相关。因此,需要将现场设置的标靶点作为基准点(图 3-2),通过坐标旋转与平移,对原始点云数据进行坐标转换,将其转换为大地坐标。

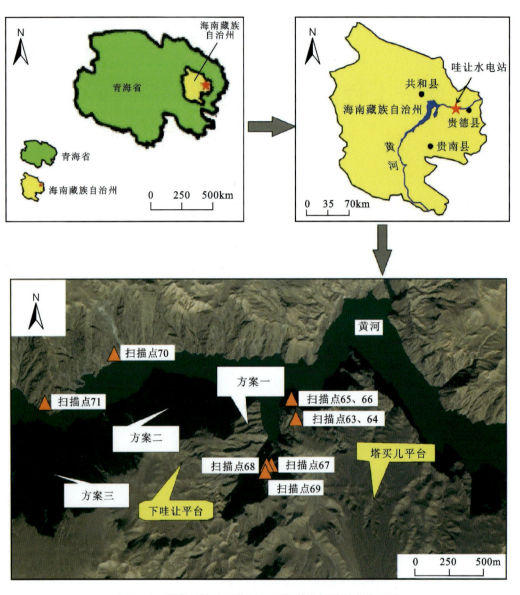

图 3-1 研究区域地理位置及三维激光扫描测点位置图

评价范围较大,一站扫描数据并不能全部包含扫描区域,因此,需要先架设多个测站进行三维激光扫描,然后根据特征点(如共同出现的山脊、突石等)进行点云数据拼接。本项目涉及两处点云数据凭借,分别是扫描范围为 3 号沟西岸的采集站点 QH63—QH65 和 QH67 点云数据,以及 3 号沟东岸的采集站点 QH68 和 QH69 点云数据(图 3-3)。其中,3 号沟东岸由于扫描视角不好,并且可供选择的安全站点位置很少,仅采集站点 QH68 和 QH69 并不能完全获取东岸所有点云数据,因此利用了部分前期无人机三维重建数据。通过点云拼接,不仅可以大范围获取研究区域的点云数据,而且能够将单独测站无法获取的盲区(无点云数据)进行填充以提高点云数据的质量。

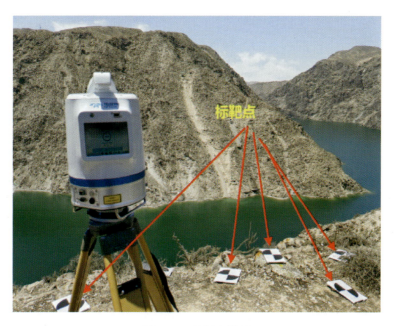

图 3-2　标靶点设置

图 3-3　3 号沟西岸

3.1.3　岩体结构面智能识别与信息提取

将三维激光扫描技术与目前发展迅速的人工智能技术结合,形成岩体结构面智能分析系统,主要包括岩体结构面智能识别与信息提取两大部分。岩体结构面智能识别是信息提取的基础,信息提取是结构面识别的目的。其中智能识别是难点,只要能够精细、快速识别出结构面,信息提取便迎刃而解。接下来将对智能识别和信息提取两部分内容进行介绍,详细信息可参考项目组成员 2017 年发表在《岩石力学与工程学报》36 卷 12 期题目为《基于三维激光扫描技术的岩体结构面智能识别与信息提取》的中文学术论文和 2018 年发表在 *Engineering Geology* 242 卷题目为 *Automated measurements of discontinuity geometric properties from a 3D-point cloud based on a modified region growing algorithm* 的英文学术论文(葛云峰等,2017;Ge et al.,2018)。

1. 岩体结构面智能识别

岩体结构面智能识别的主要任务是利用点云数据的空间坐标信息,结合结构面野外测量知识,判断哪些点云数据位于同一面上。为了实现上述目的,选择借鉴图像分割算法,在图像处理领域,该算法通过判断颜色、纹理或灰度差异来分割研究目标与背景目标。而自然界岩体结构面具有一定的规模和方位,往往近似为平面,在结构面边缘处具有棱角状。因此,位于同一结构面内各节点的空间几何参量(曲率、法向量、平整度)应该基本一致,在结构面边缘部位节点相应几何参量会发生变化。基于此特征,选用几何参量作为判断指标,并设置相应的阈值,对图像分割算法进行改进,使其更适用于岩体结构面的智能识别。详细步骤如下:

1)点云数据格网化处理

对于三维激光扫描所得到的点云数据,为了提高运算速度,方便实现算法程序化,还需要进行点云数据的格网化处理工作,这也有助于后续岩体结构面粗糙度计算。针对扫描精度比较高的点云数据,数据网格化可以采用三维差分方法实现。点云数据网格化过程对数据质量影响很小(图3-4)。

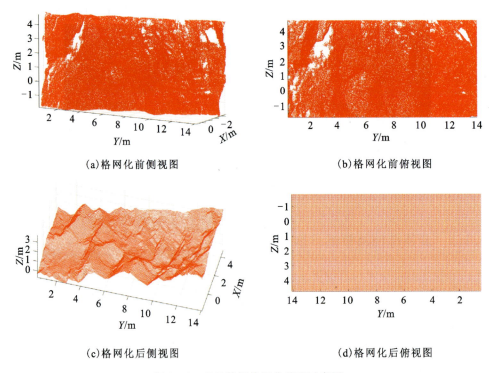

图3-4 点云数据格网化处理示意图

2)判别指标选取

从几何角度讲,位于相同结构面上的点云数据特征在于这些点可以很好地拟合成一个平面,该结构面以每个小范围点阵拟合的平面之间具有相似的法向量。图像分割技术中的相似准则是选取纹理、颜色或灰度作为判别指标,以此为参考选择点法向量为判别指标,来实现结构面之间的有效识别。然而,每一个节点理论上不具备法向量,在此定义点法向量为该计算点与周边4邻点所拟合平面的法向量[图3-5(a)],大部分点法向量是由5个点拟合而得,但是位于边界处拟合点少于5个,由4个点或者3个点拟合。为了体现计算节点与4邻点对计算节点本身影响的差异性,借鉴了插值算法中的反距离加权法(IDW),该方法认为离散点对插值点的影响力随着距离的增加而减小。因此,对于点法向量计算,该计算节点的影响要大于4邻点的影响,可赋予计算节点权重为2,4邻点权重为1[图3-5(b)],相当于计算节点本身在拟合平面过程中使用了2次。此权重设计能体现出不同点具有不同的影响力,同时也在一定程度上解决了"边界处点数量较少,拟合结果不具代表性"的问题,使得计算结果更符合实际情况。通过循环计算,得出点云数据中每个节点的法向量,并以此作为判别指标。

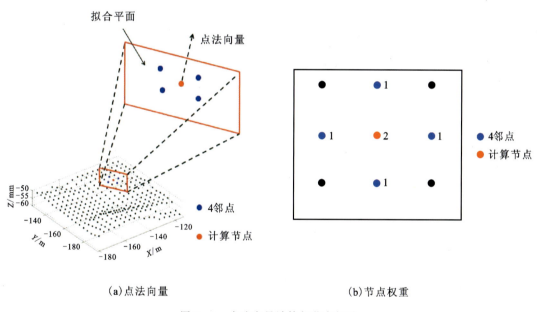

图3-5 点法向量计算与节点权重

3)平整性检测

实际岩体表面由于风化作用,一般都不平整,而图像分割算法对节点的法向量改变敏感。在数据处理过程中,若选取不平整区域作为初始生长点,会导致其生长点数极少(一般为1~3个节点),且产生众多此类区域,从而消耗大量内存空间,造成计算机性能浪费。此外,这些不平整的点云数据对后期的岩体结构面识别会产生一定的干扰,增加后续程序计算量,消耗计算机性能。在实际野外测量时,工作人员应尽量避开不平整的结构面,选取较为平整的结构面进行测量,此算法实际就是地质工作者野外人为判断结构面的模拟过程。

在此采用遍历方式,对点云数据在 X 和 Y 方向上各进行一次整体扫描,利用相邻节点的法向量,计算某行(列)第 $k-1$ 个节点和第 k 个节点的法向量的夹角 θ_1,若超过预设阈值

ζ_1,则将该行第 k 个点标记为1,纳入不可生长范围。进行上述过程直到所有点都被遍历2次,得到边缘矩阵 BORDER,矩阵中不参与图像分割的点云往往是位于结构面交界的边缘点,或者是点云所处位置不能构成结构面,这部分点云属于噪声数据,在图3-6中表示为蓝色点云,不参与下一步骤的区域划分,黑色点云为保留的有效点云。在实际操作过程中,为了进一步提高计算效率,该步骤选择固定的阈值进行平整性检测($\zeta_1=20°$)。

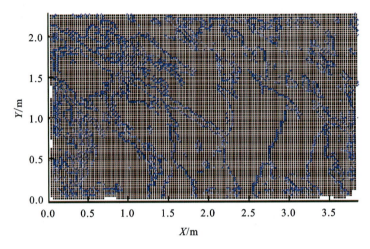

图3-6 边缘矩阵 BORDER 实例($\zeta_1=20°$)

4)岩体结构面区域划分

同一结构面内各节点的法向量基本一致,而处于不同结构面的节点法向量差异较大,基于上述原理实现研究区岩体结构面区域划分。改进的图像分割法由一个种子节点开始,以生长区域外围节点为边界,按规定法则不断向外围增加新的节点,从而生成结构面。采用的判断法则如下:

(1)法则Ⅰ。新增节点为生长区域周围所有待生长区域中法向量夹角 θ_2 小的节点。在图像分割法进行生长时,求得生长区域的法向量 N_T 与其临近所有节点法向量 N_i 的夹角 θ_{2i},则新增节点为其中夹角最小节点。

(2)法则Ⅱ。纳入生长区域的节点是法向量夹角 θ_2 小于预设阈值 ζ_2 的新增节点。令 N_T 表示已有生长区域的法向量,由已有生长区域中点云数据,通过最小二乘法进行拟合得到其平面方程,从而可得到 N_T。当新增节点的法向量 N_{new} 与 N_T 的夹角 θ_2 小于 ζ_2 时,该新增节点纳入生长区域中,组成新的生长区域点云数据。

(3)法则Ⅲ。压入堆栈的节点属于可生长区域,将经过平整性检测的点云数据进行分块,得到每个结构面的分块数据,为实现智能识别,且避免点云数据的重复运算,利用边缘矩阵连续标记不可生长点(包括平整性检测排除的点和已经生长过的节点),每新增一个节点,则将该节点纳入边缘矩阵。从而保证每个节点最多只属于一个区域。

该算法的实现步骤如下:

(1)对点云数据逐点扫描,若不属于边缘矩阵 BORDER,则将其选为种子节点 A_i。

(2)以 A_i 为中心,将 8 领域节点中不属于边缘矩阵 BORDER 的节点压入堆栈(法则Ⅲ)。

(3)计算堆栈中所有节点的法向量 N_i 与生长区域的法向量 N_T 的夹角 θ_{2i}(当生长区域点数小于 3 时,用 A_i 的法向量近似表示 N_T)。

(4)利用法则Ⅰ与法则Ⅱ对堆栈中的节点进行判断,若找到符合要求的节点,则将其纳入生长区域,同时把它当作 A_i,并将其从堆栈中删除。

(5)重复步骤(2)~(4),直至堆栈为空或堆栈中无满足条件的节点,生长结束,得到区域 A。

(6)储存并记录该区域,将区域 A 添入边缘矩阵 BORDER。

(7)重复上述过程,直至所有节点被扫描完毕,得到区域划分结果。

通过上述算法,能够将点云数据划分为 N 个区域,每个节点最多对应一个区域,且每个区域相对平整,可视为识别出的岩体结构面。在执行图像分割后,由于部分结构面过于零散化,故剔除结构面节点数或面积小于 W_1 的小型结构面,避免对后期结构面信息提取及优势结构面划分造成影响。

针对 3 号沟东岸点云数据,经过分析最终选择生长阈值 $\zeta_2=20°$ 和数量阈值 $W_1=40$。同理,按照类似阈值确定过程,对其他站点处的点云数据进行生长阈值与数量阈值的选取(表 3-1)。3 号沟西岸采集站点 QH63 和 QH67 是本次的研究重点,其中进出水口位于站点 QH63 扫描区域内,而站点 QH67 扫描范围内岩体结构面相对发育。值得注意的是,由于站点 QH63 和 QH67 点云数据量巨大,如果整体进行岩体结构面识别与信息提取,计算量大且需要很长的时间成本,因此采用分区分块思路来处理站点 QH63 和 QH67 处的点云数据。图 3-7 为两站点的分区情况:站点 QH63 点云数据沿 Y 方向和 Z 方向均六等分,整个点云有效划分成了 29 个子区域,有 3 个子区域由于点数量过少(<5000 个点)进行了舍去处理,最终站点 QH63 点云数据划分为 26 个子区域;同理,站点 QH67 点云数据划分了 26 个子区域。

表 3-1 3 号沟两岸扫描范围内的点云数据生长与数量阈值取值表

编号	扫描范围	生长阈值 $\zeta_2/(°)$	数量阈值 $W_1/$个
1	3 号沟东岸	20	40
2	3 号沟西岸(QH63、QH67)	10	40

站点 QH63 和 QH67 点云数据分别为 34 865 081 和 37 123 399 个点(删除不感兴趣区域后),历时 2 797.753 418s 和 3 045.138 933s 完成岩体结构面的识别工作。图 3-8 为两个站点岩体结构面识别结果,站点 QH63 共识别出 26 169 个岩体结构面,站点 QH67 共识别出 24 438 个岩体结构面,图中相同颜色的点代表一个岩体结构面。

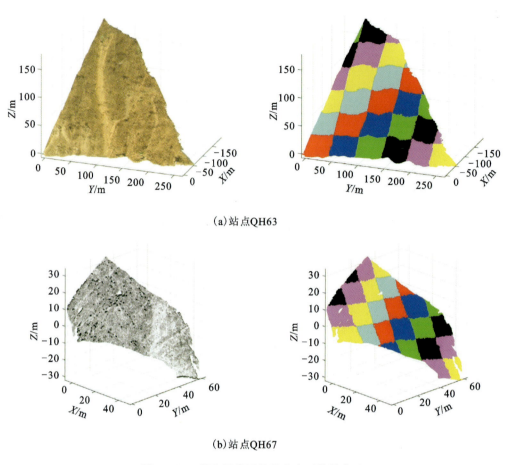

(a) 站点QH63

(b) 站点QH67

图3-7 3号沟西岸两处站点点云数据分区

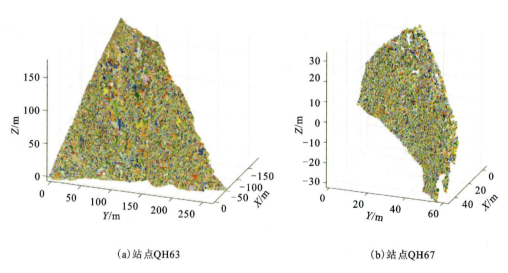

(a) 站点QH63 　　　　　　　　　(b) 站点QH67

图3-8 3号沟西岸两处站点岩体结构面识别结果图（不同颜色代表不同结构面）

2. 岩体结构面信息提取

1) 结构面产状信息

得到每个结构面(即每个区域)的所有节点信息后,即可通过最小二乘法进行线性拟合,得到平面方程(葛云峰等,2017;Ge et al.,2022):

$$ax+by+c=z \tag{3-1}$$

写成矩阵形式可表示为

$$[x,y,1]\begin{bmatrix}a\\b\\c\end{bmatrix}=[z] \tag{3-2}$$

设结构面上 n 个点的坐标分别为 $(x_1,y_1,z_1),(x_2,y_2,z_2),\cdots,(x_n,y_n,z_n)$,则式(3-2)可表示为

$$\begin{bmatrix}x_1 & y_1 & 1\\ x_2 & y_2 & 1\\ \vdots & \vdots & \vdots\\ x_n & y_n & 1\end{bmatrix}\begin{bmatrix}a\\b\\c\end{bmatrix}=\begin{bmatrix}z_1\\z_2\\\vdots\\z_n\end{bmatrix} \tag{3-3}$$

令

$$A=\begin{bmatrix}a\\b\\c\end{bmatrix} \tag{3-4}$$

$$x=\begin{bmatrix}x_1 & y_1 & 1\\ x_2 & y_2 & 1\\ \vdots & \vdots & \vdots\\ x_n & y_n & 1\end{bmatrix} \tag{3-5}$$

$$z=\begin{bmatrix}z_1\\z_2\\\vdots\\z_n\end{bmatrix} \tag{3-6}$$

则要拟合找到向量 $\boldsymbol{A}$,使得 $\varphi(\boldsymbol{A})=\|\boldsymbol{A}x-z\|$ 取得最小值,即拟合得到平面方程及其法向量。

假设岩体结构面的法向量为 (a,b,c),而三维激光扫描仪工作原理为激光反射,只能扫描出露较好的面,因此单位法向量中 $c>0$,(a,b,c) 为岩体结构面的单位外法向量。在大地坐标系中,假定 Y 正轴方向为正北,X 正轴方向为正东,Z 正轴方向为向上,根据下述公式即可求取该岩体结构面在大地坐标系中的倾向 α 与倾角 β:

$$\left.\begin{aligned}&\beta=\arccos(c)\\&\text{if}\quad a\geqslant 0,b\geqslant 0,\alpha=\arcsin(a/\sin\beta)\\&\text{if}\quad a<0,b\geqslant 0,\alpha=360-\arcsin(-a/\sin\beta)\\&\text{if}\quad a<0,b<0,\alpha=180-\arcsin(a/\sin\beta)\\&\text{if}\quad a>0,b<0,\alpha=180+\arcsin(-a/\sin\beta)\end{aligned}\right\} \tag{3-7}$$

此计算方法已被很多学者采用,所展示的岩体结构面点云数据最终产状信息如图 3-9 所示。

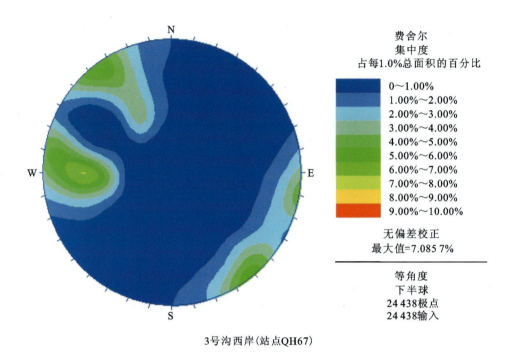

图 3-9 识别出的岩体结构面产状持平投影结果图

2)基于产状信息的结构面划分

针对法向量求取的结构面倾向、倾角数据,为了实现信息提取的智能化,在此借助 K 均值聚类分析方法,对结构面进行组类划分(孙文志等,2022)。聚类依据主要为各结构面的法向量数据,聚类后计算各聚类中心法向量数据,并转换为倾向倾角数据。K 均值聚类分析方法主要步骤如下:

(1)预设聚类总数 N,本案例不同扫描站点由于扫描角度不同,揭露的岩体结构面也不尽相同。3 号沟西岸 QH63 站点揭露 2 组结构面($N=2$)、3 号沟西岸 QH67 站点揭露 4 组结构面($N=4$)、3 号沟东岸站点揭露 3 组结构面($N=3$)。值得注意的是,缓倾结构面与露头相交为线性构造,造成很难获取充足的点云数据。

(2)初始化聚类中心。随机选取 N 个样本作为初始聚类中心。

(3)样本点归类。取一样本点,按就近原则将样本归入某个聚类中心,重新计算该聚类中心的值。

(4)重复步骤(3),直到所有样本点全部归入相应类中。

(5)重复步骤(3)~(4),直至聚类中心的值不再发生变化为止,得到各中心点的坐标以及各节点的分类情况。

通过上述算法,结合现场地质调查信息,3 号沟东岸扫描区域识别出的岩体结构面可划分为 3 组,3 组岩体结构面的平均产状分别为 $272°\angle52°$、$3°\angle58°$ 和 $1°\angle89°$;3 号沟西岸

QH63 站点识别出的岩体结构面划分为 2 组(图 3-10),2 组结构面的平均产状是 39°∠49°和 108°∠60°;3 号沟西岸 QH67 站点点云数据识别出 4 组岩体结构面,4 组结构面的平均产状是 150°∠62°、87°∠66°、276°∠85°和 323°∠86°。

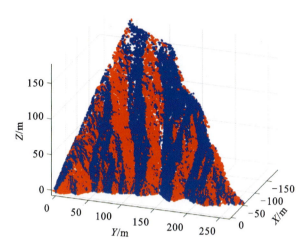

图 3-10　不同扫描区域岩体结构面分类结果图(不同颜色代表不同组别的结构面)

岩体结构面产状需要用 2 个变量(倾向 θ 和倾角 δ)描述,实践表明,这 2 个变量是与高度相关的,因此一般选用二维概率分布来描述产状的概率分布特征。描述结构面产状的概率分布主要包括 Fisher 分布、Bingham 分布和双正态分布。由于地质构造作用和岩体材料的各向异性,真实结构面产状分布特征极其复杂,上述 3 种理论分布类型很难全面地描述岩体结构面产状的统计特性,因此借助经验概率分布模型来加以描述。理论概率分布是通过一个理论函数来描述结构面产状的概率密度,而经验概率分布是基于结构面产状相对频率建立产状模型来描述结构面产状出现的频率。在随机生成结构面产状数据时,按照结构面产状相对频率进行生成。基于经验概率分布的结构面产状建模方法能有效减小由理论函数拟合所产生的误差,能够较为真实地反映实际结构面产状的分布情况。本研究基于二维经验分布模型,获取 3 处扫描站点处岩体结构面产状相对频率(图 3-11),图中 X 坐标和 Y 坐标表示结构面的倾向和倾角,Z 坐标是在指定倾向、倾角区域内结构面发育的数量。

3. 岩体结构面信息统计

针对 3 处扫描站点点云数据,根据岩体结构面智能识别与信息提取测量结果,基于数理统计理论,统计出岩体结构面产状、间距、迹长和粗糙度等几何参数的概率分布类型与统计参数(表 3-2),这些数据可为后续岩体结构面三维网络模拟研究提供基础数据。由表 3-2 可知,结构面产状数据主要服从经验概率形式,结构面间距主要服从负指数分布形式,而等效迹长主要服从伽马分布或正态分布形式。同时,每个测点及每组结构面的统计参数在表格中也进行了统计汇总。

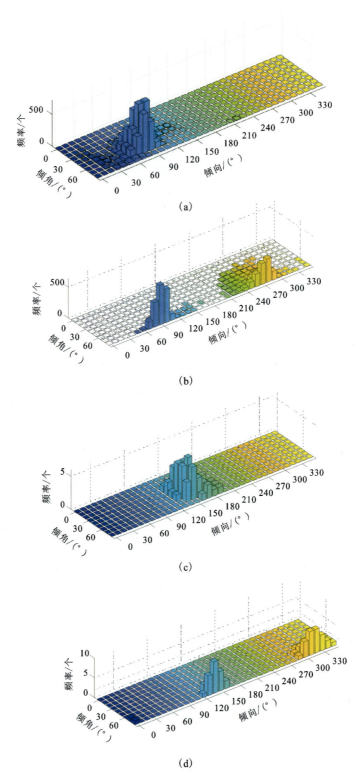

图 3-11 3号沟西岸 QH67 站点 4 组结构面产状相对频率三维柱状图

表 3-2　不同类型岩体结构面数理统计信息表(3 号沟西岸站点 QH67)

参数	分布类型	统计参数	组别
倾向/(°)	经验概率	平均值:87 标准差:17.162 最小值:9.452 最大值:230.094	结构面 1
倾角/(°)	经验概率	平均值:66 标准差:10.061 最小值:16.336 最大值:89.979	结构面 1
间距/m	负指数分布	平均值:0.005 标准差:0.009 最小值:≈0.000 最大值:0.322	结构面 1
等效迹长/m	正态分布	平均值:0.122 标准差:0.063 最小值:0.025 最大值:0.759	结构面 1
倾向/(°)	经验概率	平均值:276 标准差:89.391 最小值:58.205 最大值:356.617	结构面 2
倾角/(°)	经验概率	平均值:85 标准差:9.263 最小值:21.061 最大值:89.998	结构面 2
间距/m	负指数分布	平均值:0.010 标准差:0.030 最小值:≈0.000 最大值:1.487	结构面 2
等效迹长/m	正态分布	平均值:0.103 标准差:0.051 最小值:0.021 最大值:1.095	结构面 2

续表 3-2

参数	分布类型	统计参数	组别
倾向/(°)	经验概率	平均值:150 标准差:24.947 最小值:2.905 最大值:267.508	结构面 3
倾角/(°)	经验概率	平均值:62 标准差:14.490 最小值:6.529 最大值:89.980	
间距/m	负指数分布	平均值:0.009 标准差:0.028 最小值:≈0.000 最大值:0.838	
等效迹长/m	正态分布	平均值:0.078 标准差:0.035 最小值:0.022 最大值:0.388	
倾向/(°)	经验概率	平均值:323 标准差:99.067 最小值:0.021 最大值:359.966	结构面 4
倾角/(°)	经验概率	平均值:86 标准差:10.161 最小值:14.200 最大值:90.000	
间距/m	负指数分布	平均值:0.005 标准差:0.013 最小值:≈0 最大值:0.482	
等效迹长/m	正态分布	平均值:0.102 标准差:0.049 最小值:0.026 最大值:0.791	

3.2 基于井下电视的岩体结构面智能识别与信息提取

3.2.1 井下电视数据描述

工程区域有 6 个钻孔开展了井下电视测试,获取了井壁 360°图像。6 个钻孔编号分别是 ZKX125、ZKX127、ZKX128、ZKX129、ZKX132 和 ZKX135,井下电视测量的最大孔深分别为 55.89m、79.36m、111.37m、63.81m、80.65m 和 123.31m。图 3-12 展示的是该工程获得的典型钻孔电视观测图像,记录了高程、孔深(深度)和孔壁影像展开图等信息。

3.2.2 岩体结构面几何信息提取

获取的钻孔电视观测图像已经进行了岩体结构面的识别与信息的提取,因此本研究对基于钻孔电视的岩体结构面识别不再赘述,仅对识别后岩体结构面几何特征提取展开描述(Ge et al.,2022;葛云峰,2019)。本研究主要涉及的岩体结构面几何参数包括产状与深度,在此基础上进一步开展节理密度的研究,为工程区岩体的风化分带与卸荷分带评价提供理论依据。

1. 产状

产状是岩层在空间产出状态和方位的总称,由称为岩层产状三要素的走向、倾向和倾角来描述岩层的倾斜情况。岩层产状的查明对岩体稳定性的评价尤其重要。例如,在边坡开挖中,斜坡倾向与岩层倾向的方向组合、斜坡倾角与岩层倾角的大小组合对斜坡的稳定有较大影响。地质勘察中一般需要调查倾向和倾角,对于走向则可根据调查得到的倾向进行转换。需要指出的是,本研究假设钻孔为垂直打孔,数字全景钻孔摄像系统中摄像头是垂直放入,因此钻孔无倾角。

在识别岩体结构面边缘之后,需要依据边缘对岩体结构面进行拟合。如图 3-13 所示,岩石节理为平面穿过圆柱部分,为能直观地观察结构面,还需将三维立体的钻孔图像展开成为二维,此时可见倾斜的岩石节理与钻孔的交线视图展开后得到的是一条具正弦曲线形态的岩体边缘结构面。图 3-13 中,α 代表结构面的倾向;β 代表结构面的倾角;h 代表高度,等值于正弦曲线中的振幅 A;r 代表钻孔的半径;E_1 代表椭圆左半部分及其对应的正弦曲线部分;E_2 代表椭圆右半部分及其对应的正弦曲线部分;$y = h\sin(x+\varphi)$ 代表正弦曲线的数学表达式,图中可得 $\varphi = 0$。

在提取出结构面上下边缘之后,需按照正弦曲线的形态进行拟合:

$$y = y_1 - A\sin(\omega x + \varphi) \tag{3-8}$$

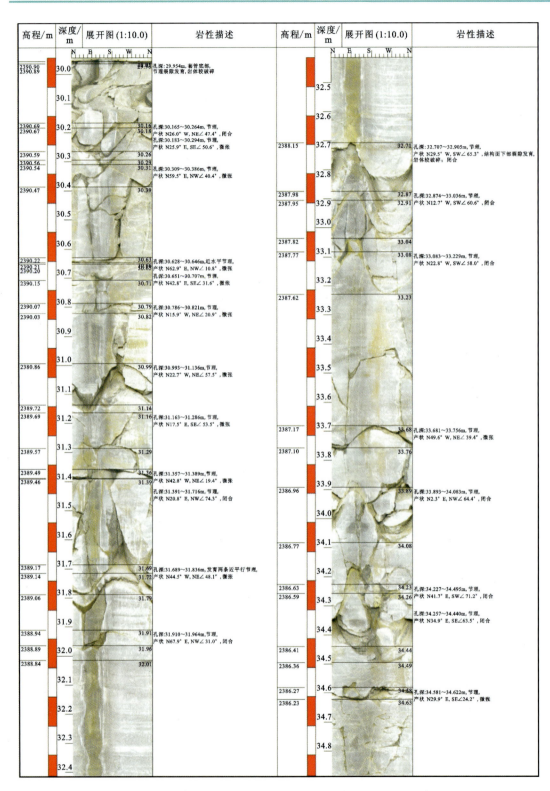

图 3-12 研究区域获得的典型钻孔电视观测图像

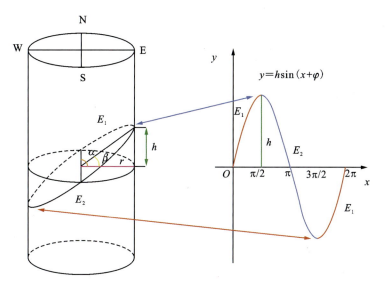

图 3-13 立体钻孔中岩体结构面与展开后的岩体结构面对应关系示意图

则识别出的岩体结构面倾向 α 可由式(3-9)求得：

$$\alpha = \frac{x_{y\max}}{\text{leng}(x)} \times 360° \tag{3-9}$$

倾向 α 也可根据正弦曲线解析式中的 φ 计算：

$$\alpha = \begin{cases} 270° - \varphi, & 0° \leqslant \varphi < 270° \\ 360° - \varphi, & 270° \leqslant \varphi \leqslant 360° \end{cases} \tag{3-10}$$

对于倾角 β，计算公式如下：

$$\beta = \arctan\left(\frac{y_{\max} - y_{\min}}{D}\right) \tag{3-11}$$

倾向 β 也可根据拟合得到的正弦曲线解析式进行计算：

$$\beta = \arctan\left[\pi \frac{y_{\max} - y_{\min}}{\text{leng}(x)}\right] \tag{3-12}$$

式中：$x_{y\max}$ 为当 y 为最大值处所对应的 x；$\text{leng}(x)$ 为 x 轴上的总长度；$y_{\max}$ 为 y 轴上的最大值；$y_{\min}$ 为 y 轴上的最小值；D 为钻孔的直径。规定立体钻孔二维展开起点为正北方向。

根据实际计算流程和结果，因为不必引入钻孔的直径和图像的分辨率等因素，倾向 α 和倾角 β 的计算通过拟合得到的正弦曲线解析式的计算更加方便简洁。根据 6 个钻孔电视观测图像，获取了相应的岩体结构面产状信息(图 3-14)，可以看出每个钻孔揭露的岩体结构面数量、倾向和倾角具有一定的差异性，这反映出了工程区域岩体结构分布的复杂性。

2. 深度

深度是描述岩体结构面空间位置的重要因素。相较于结构面产状信息，结构面所在深度计算简单。岩体钻孔图像中的结构面深度可由拟合得到的正弦曲线中沿深度方向的平均位点确定：

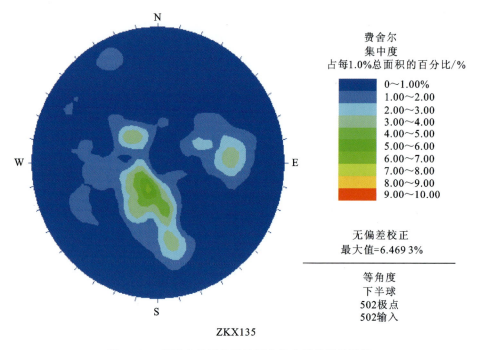

图 3-14 识别出的岩体结构面产状赤平投影结果图

$$d = \frac{1}{N}\sum_{i=1}^{N} j_{\mathrm{m}i} \tag{3-13}$$

式中:d 为深度;$j_{\mathrm{m}i}$ 为正弦曲线中第 i 个像素点。

图 3-15 是根据提取的岩体结构面深度信息计算的倾向与倾角信息,反推原始钻孔电视观测图像展开图(每个岩体结构面展开图是一个正弦曲线),以便更直观、整体地评价 6 个钻孔所揭露的岩体结构面分布情况,初步认识岩体结构完整性。由图 3-15 可知,6 个钻孔所揭露的岩体结构面差异较大,相比来说,钻孔 ZKX127、ZKX132 和 ZKX135 发育的岩体结构面数量多,钻孔 ZKX128 和 ZKX129 发育的岩体结构面数量少,钻孔 ZKX124 发育的岩体结构面数量中等。

3. 节理密度

节理密度(Joint density,J_d)是用于描述岩体完整性、评价岩体质量的常用参数,其含义为单位钻孔长度范围内的节理结构面数量。在一定长度的岩体内发育的节理结构面越多,节理密度越高,岩体越不完整。节理密度是根据深度参数计算得到的。以钻孔 ZKX124 为例,图 3-16 为不同长度下节理密度的统计情况。设置较小的单位长度可以获得更多细致的数据,但数据越分散越难以比较。由图可知,统计长度的不同对节理密度 J_d 具有较为明显的影响。为了便于比较,将单位长度设置为 0.2m[图 3-16(b)],这与钻孔 ZKX124 声波测速分辨率一致。

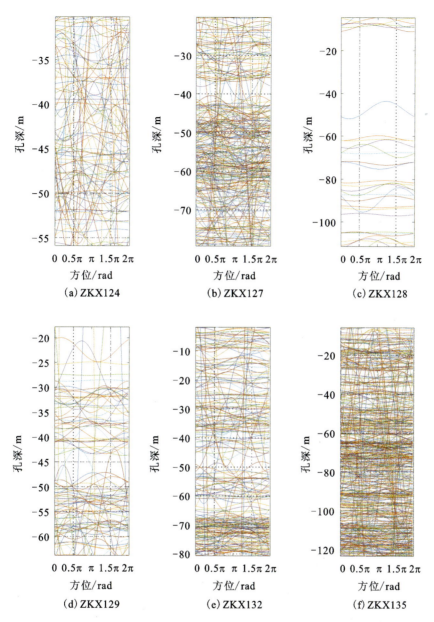

图 3-15 基于岩体结构面识别与信息提取结果反演的钻孔井下电视观测图像孔壁展开图

图 3-17 展示的是 6 个钻孔在钻孔电视观测影像统计长度为 0.2m 前提下,节理密度 J_d 随深度变化的情况。就单个钻孔而言,随着孔深的增加,节理密度 J_d 没有表现出明显的降低趋势;相比而言,钻孔 ZKX127、ZKX132 和 ZKX135 的节理密度 J_d 较大,钻孔 ZKX128 和 ZKX129 的节理密度 J_d 较小,钻孔 ZKX124 的节理密度 J_d 适中。节理密度计算结果与图 3-15 中视觉观测具有较高的一致性。

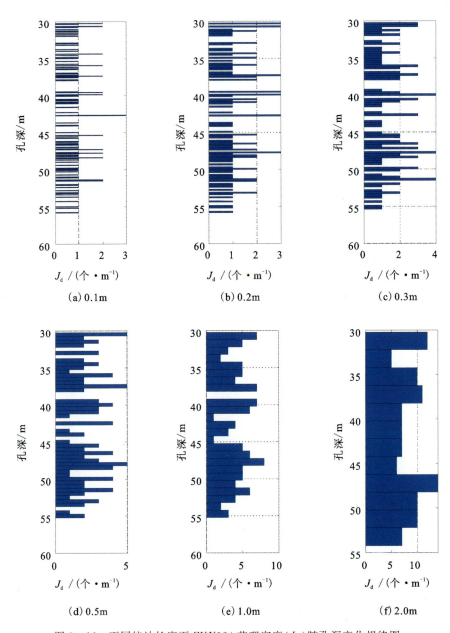

图 3-16 不同统计长度下 ZKX124 节理密度（J_d）随孔深变化规律图

由图 3-15(c)和图 3-17(c)可知,钻孔 ZKX128 揭露的地下岩体中发育有较少的岩体结构面,岩体结构较为完整。然而,通过观察钻孔 ZKX128 井下电视影像可知,实际上通过该孔的岩体极为破碎(穿越断层),无法准确识别岩体结构面,已有的识别结果存在较大误差。因此,坡体垂直风化带划分不采用钻孔井下电视测量结果,而主要依据钻孔纵波波速。

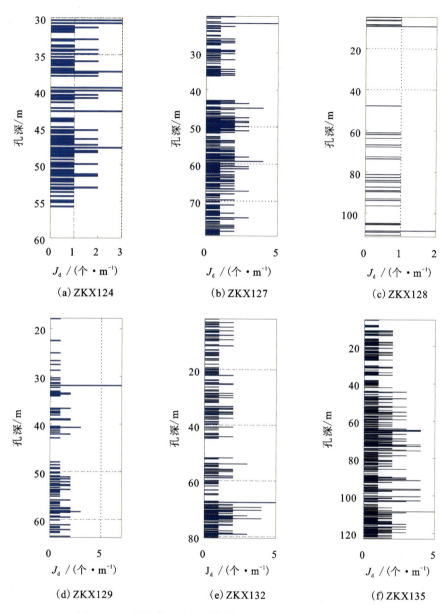

图 3-17 钻孔节理密度随深度变化图(统计长度=0.2m)

3.3 工程区域岩体风化带划分

岩体风化是指岩石在地表或接近地表的地方由于温度变化、水及水溶液的作用、大气及生物等的作用而发生的机械崩解及化学变化过程。风化作用一般物理风化、化学风化和生物风化 3 类。根据《水力发电工程地质勘察规范》(GB 50287—2016)附录 G 中表 G.0.1 岩体风化带划分,通过计算风化岩纵波波速与新鲜岩纵波波速之比 α,可将工程岩体风化带划分为 5 个等级,分别是全风化、强风化、弱风化(中等风化)、微风化和新鲜(表 3-3)。本研究通过钻孔与平硐声波测试数据,从垂直和水平两个维度进行评价。

表 3-3　5 个钻孔岩体完整性系数 K_v 统计表

钻孔	最小值	最大值	平均值	标准方差
ZKX124(陆上边坡孔)	0.155	0.925	0.548	0.186
ZKX125(陆上边坡孔)	0.028	0.972	0.491	0.234
ZKX128(水上孔)	0.037	0.592	0.258	0.095
ZKX129(水上孔)	0.061	0.599	0.283	0.125
ZKX132(陆上边坡孔)	0.041	0.901	0.468	0.212

3.3.1　基于钻孔纵波波速的垂直风化带划分

工程区域有 5 个钻孔的岩体波速测试数据可用,分别是 ZKX124(陆上边坡孔)、ZKX125(陆上边坡孔)、ZKX128(水上孔)、ZKX129(水上孔)和 ZKX132(陆上边坡孔),5 个钻孔所对应的孔深为 60.8m、80.2m、113m、64.6m 和 80.9m。每隔 0.2m 测一次波速,波速随孔深变化情况如图 3-18 所示,波速在 2000~6000m/s 范围内波动。ZKX128(水上孔)和 ZKX132(陆上边坡孔)由于钻孔坍塌,在孔深为 17.6~47.2m 和 45.4~50.4m 间没有波速数据。

5 个钻孔所在区域的岩石弹性纵波波速为 6500m/s,根据式(3-14)、式(3-15)和图 3-18 中钻孔岩体弹性波速,可以求出钻孔同样深度下的岩体完整性系数 K_v 和软化系数 K_w。

$$K_v = \left(\frac{\text{岩体弹性纵波波速}}{\text{岩石弹性纵波波速}}\right)^2 \tag{3-14}$$

$$K_w = \frac{\text{岩石饱和抗压强度}}{\text{岩石干抗压强度}} \tag{3-15}$$

图 3-19 为 5 个钻孔的岩体完整性系数 K_v 和 K_w 随钻孔孔深变化情况,整体上 K_v 和 K_w 波动较大,尤其是在钻孔上部振幅波动更加明显。同时,两者具有相似的波动规律。

表 3-3 为 5 个钻孔岩体完整性系数 K_v 统计一览表,可以看出 ZKX124(陆上边坡孔)具有最大平均值(0.548)、ZKX128(水上孔)具有最小平均值(0.258)。表 3-4 为 5 个钻孔软化系数 K_w 统计一览表,同样地,ZKX124(陆上边坡孔)具有最大平均值(0.729)、ZKX128(水上孔)具有最小平均值(0.498)。

为了分析 K_v 和 K_w 两个参量的相关性,对 5 个钻孔数据进行了拟合分析,结果如图 3-20 所示。可以看出,两者具有很强的相关性(相关性系数 r^2 均大于 0.9)。因此,在后续的风化带、卸荷带分析时,重点采用岩体完整性系数 K_v 数据开展研究。

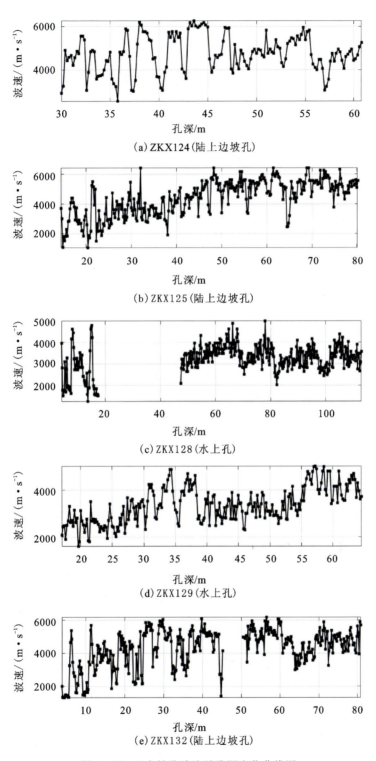

图 3-18 5个钻孔波速随孔深变化曲线图

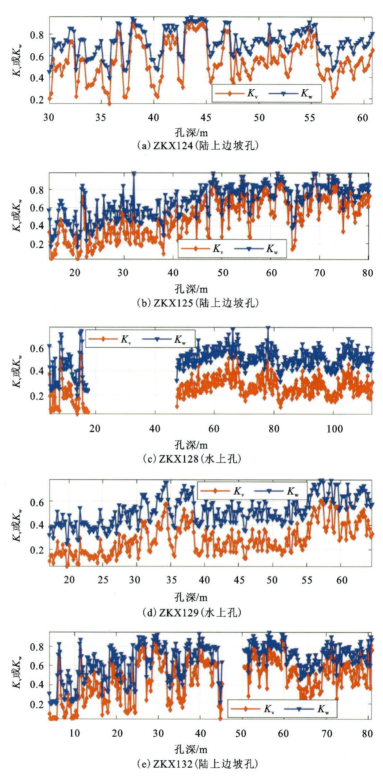

图 3-19 5 个钻孔波速岁孔深变化曲线图

表 3-4　5 个钻孔软化系数 K_w 统计表

钻孔	最小值	最大值	平均值	标准方差
ZKX124（陆上边坡孔）	0.394	0.962	0.729	0.130
ZKX125（陆上边坡孔）	0.166	0.986	0.677	0.183
ZKX128（水上孔）	0.192	0.769	0.498	0.099
ZKX129（水上孔）	0.248	0.774	0.519	0.117
ZKX132（陆上边坡孔）	0.203	0.949	0.661	0.178

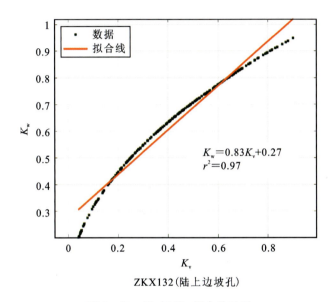

ZKX132（陆上边坡孔）

图 3-20　K_v 与 K_w 拟合关系图

工程区卸荷岩体风化带划分根据国家标准《水力发电工程地质勘察规范》(GB 50287—2016)实施。规范采用风化岩体纵波速与新鲜岩体纵波速之比 α 计算公式如下：

$$\alpha = \frac{v_{rm}}{v_{ir}} \tag{3-16}$$

式中：v_{rm} 为风化岩纵波速；v_{ir} 为新鲜岩纵波速。

由岩体完整性系数 K_v 计算公式可知，K_v 与 α 具有相关性，可以通过 K_v 求得 α 值进行研究区域卸荷岩体的风化带划分，计算公式如下：

$$\alpha = \sqrt[2]{K_v} \tag{3-17}$$

图 3-21(a)为 5 个钻孔数据根据公式(3-16)获取的 α 值随钻孔深度变化情况，图 3-21(b)~(f)为根据 α 值进行风化带划分结果，图中红色点代表全风化、浅蓝色点代表强风化、蓝色点代表弱风化、黄色点代表微风化、绿色点代表新鲜（无此数据）。整体来讲，随着钻孔深度的增加，卸荷岩体的风化程度逐渐降低。但是个别钻孔也出现了随着深度增加，风化程度增加的现象，如 ZKX132 的 60.7~69.9m 孔深处。

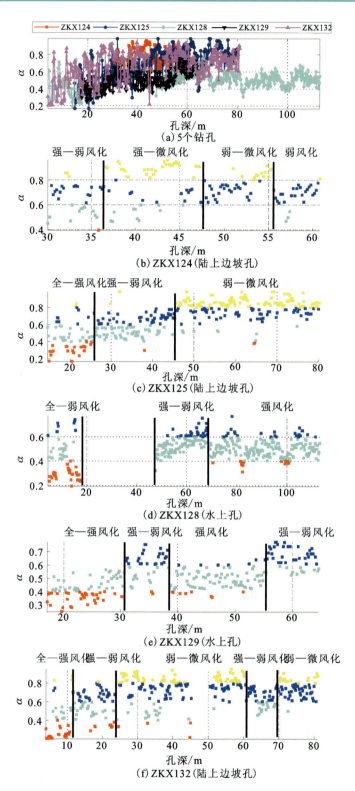

图 3-21 5个钻孔波速随孔深变化曲线及风化带划分图

表 3-5 对 5 个钻孔的卸荷岩体风化分带进行了总结,列出了不同风化带所对应的钻孔深度范围。

表 3-5　5 个钻孔卸荷岩体风化带划分总结表

钻孔	孔深/m	风化分带/m
ZKX124(陆上边坡孔)	30.0~60.8	30.0~36.4(强—弱风化) 36.4~47.6(强—微风化) 47.6~55.6(弱—微风化) 55.6~60.8(弱风化)
ZKX125(陆上边坡孔)	14.0~80.2	14.0~25.8(全—强风化) 25.8~46.0(强—弱风化) 46.0~80.2(弱—微风化)
ZKX128(水上孔)	4.2~113.0	4.2~17.4(全—弱风化) 17.4~47.4(无数据) 47.4~68.6(强—弱风化) 68.6~113.0(强风化)
ZKX129(水上孔)	17.0~64.6	17.0~30.6(全—强风化) 30.6~38.6(强—弱风化) 38.6~55.4(强风化) 55.4~64.6(强—弱风化)
ZKX132(陆上边坡孔)	3.9~80.9	3.9~11.6(全—强风化) 11.6~24.2(强—微风化) 24.2~60.7(弱—微风化) 60.7~69.9(强—弱风化) 69.9~80.9(弱—微风化)

3.3.2　基于平硐地震波波速的水平风化带划分

对 7 号平硐(PD07)、8 号平硐(PD08)、1 号平硐(PD01)、9 号平硐(PD09)和 10 号平硐(PD10)5 个平硐开展了现场地震波波速测试试验,获取了不同硐深处(PD07:11.78~139.46m;PD08:66~196.79m;PD01:7.39~635.43m;PD09:7~115.88m;PD10:9.13~138.8m)的纵波波速数据和对应的岩体完整性系数(图 3-22)。

由图 3-22(e)可知,针对平硐 PD10,纵波波速在 1100~4000m/s 区间波动,波速平均值为 1990m/s,波速标准方差为 870.334 9m/s;岩体完整性系数在 0.173 2~0.700 0 区间波动,岩体完整性系数平均值为 0.348 6,标准方差为 0.153 5。

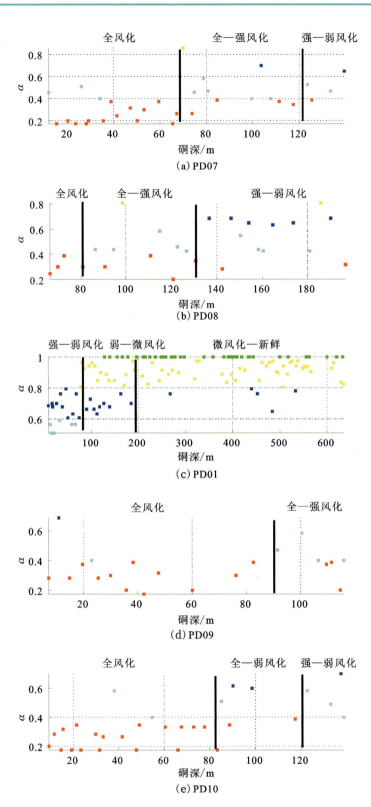

图 3-22 平硐水平风化带划分建议图

整体而言,波速和岩体完整性系数曲线随硐深增加呈一定程度的上升趋势。

根据式(3-17),将获取的岩体完整性系数 K_v 转换为纵波波速之比 α,再根据转化后的 7 号平硐(PD07)和 8 号平硐(PD08)纵波波速之比 α 随硐深变化规律,进行平硐风化带划分。

针对平硐 PD07:沿平硐方向可以划分 3 个风化带,即 11.78~67.28m(全风化)、67.28~117.44m(全—强风化)和 117.44~139.46m(强—弱风化)。

针对平硐 PD08:沿平硐方向可以划分 3 个风化带,即 66~80.67m(全风化)、80.67~130.58m(全—强风化)和 130.58~196.79m(强—弱风化)。

针对平硐 PD01:沿平硐方向可以划分 3 个风化带,即 7~79.39m(强—弱风化)、79.39~189.39m(弱—微风化)和 189.39~635.43m(微风化—新鲜)。

针对平硐 PD09:沿平硐方向可以划分 2 个风化带,即 7~91.46m(全风化)和 91.46~115.88m(全~强风化)。

针对平硐 PD10:沿平硐方向可以划分 3 个风化带,即 9.13~83.31m(全风化)、83.31~117.44m(全—弱风化)和 117.44~138.8m(强—弱风化)。

3.4 工程区域岩体卸荷带划分

岩体卸荷是由自然地质作用和人工开挖导致岩体应力释放造成的具有一定宽度的岩石松动破碎带,与岩体风化带具有完全不同的定义与研究范畴。我国水利水电工程建设中曾遇到大量岩体卸荷所带来的复杂问题。近年来,随着水利水电工程建设重点向西部地区转移,工程所处的地质环境多为深山峡谷,新构造运动与高地应力区卸荷作用强烈,在一些工程建设中卸荷现象已成为一个突出的问题,如二滩、小湾、构皮滩、溪洛渡、锦屏、百色、紫坪铺、九甸峡、吉林台等。岩体卸荷带直接关系到坝肩稳定、边坡稳定、建筑物地基变形和洞室围岩稳定等,是影响基础开挖和处理工程量以及方案比选的重要因素。

长期以来,在水利水电工程建设中没有统一的岩体卸荷带划分标准。在实践中,有的工程只划分出卸荷带和非卸荷带,有的工程则划分强卸荷带和弱卸荷带,而三峡船闸高边坡岩体卸荷带则按强卸荷带、弱卸荷带和轻微卸荷带进行划分。划分标准不统一给岩体质量评价和地基处理带来很多不便。本研究采用《水利水电工程地质勘察规范》(GB 50487—2008)附录 J 中表 J 边坡岩体卸荷带划分方法,通过张开裂隙宽度和定量计算卸荷岩体纵波速度与该处未卸荷岩体的纵波速度的比值波速比,将研究区域工程岩体卸荷带划分为强卸荷带与弱卸荷带两类。

本研究除了采取规范所列波速比 α 指标外,还拟采用面节理密度 J_s、线节理密度 J_l 和体节理密度 J_v 三个指标,对工程区域岩体进行卸荷带定量划分,并给出 4 个指标所对应的不同卸荷划分带建议阈值。4 个指标数据来源见表 3-6,其中面节理密度 J_s 由三维激光扫描的点云数据获得,波速比 α 来源于钻孔纵波波速和平硐地震波波速数据,线节理密度 J_l 由平硐素描图和三维激光扫描数据获得,体节理密度 J_v 由平硐素描图、岩体结构面网络模拟和三维激光扫描数据获得。

表 3-6　5 个岩体卸荷带划分指标数据来源表

指标	数据来源
面节理密度 J_s	三维激光扫描
波速比 α	钻孔纵波波速、平硐地震波波速
线节理密度 J_l	平硐素描图、三维激光扫描
体节理密度 J_v	平硐素描图、岩体结构面网络模拟、三维激光扫描

3.4.1　基于三维激光扫描测量结果的坡表岩体卸荷带划分

根据 3.1 节基于三维激光扫描数据获取的岩体结构面分区识别与测量结果，采用面节理密度 J_s 来表征坡表卸荷程度：

$$J_s = \frac{N}{A} \tag{3-18}$$

式中：N 为分区范围内识别的岩体结构面数量；A 为分区所对应的表面面积。J_s 越大，表明坡表单位面积中出露的岩体结构面数量越多，所对应的岩土体完整性越差，因此坡表卸荷程度就越高；反之亦然。

图 3-23 为 3 号沟东岸坡表面节理发育情况图，可以看出，在 3 号沟上部发育有大量的岩体结构面（图中红色线框区域，点云颜色呈紫红色），造成岩体较为破碎，此处的卸荷程度相对较高。面节理密度统计直方图显示，面节理密度最小值为 0.061，最大值为 0.602。

图 3-24 为 3 号沟西岸 QH63 站点坡表面节理发育情况图，可以看出，在 3 号沟西岸 QH63 站点下部发育有大量的岩体结构面（图中红色线框区域，点云颜色呈紫红色），岩体较为破碎，此处的风化程度相对较高。面节理密度统计直方图显示，面节理密度最小值为 0.127，最大值为 1.030。

图 3-25 为 3 号沟西岸 QH67 站点坡表面节理发育情况图，可以看出，在 3 号沟西岸 QH67 站点下部发育有大量的岩体结构面（图中红色线框区域，点云颜色呈紫红色），岩体较为破碎，此处的风化程度相对较高。由面节理密度统计直方图可知，面节理密度最小值为 3.686，最大值为 11.422。

三维激光扫描获取的是坡体表面点云数据，根据现场观察，坡体表面节理较为发育，整体应属于强卸荷带。因此，本研究基于线节理密度开展更为细致的研究，将强卸荷带又细分为强-上卸荷带、强-中卸荷带和强-下卸荷带，并给出了对应线节理密度阈值（表 3-7）。值得注意的是，表中阈值是在现采集精度、提取参数设置下获得的结果。若采用此标准，为了保证评价精度，建议点云数据采集处理过程中涉及的参数与前述对应参数保持一致。

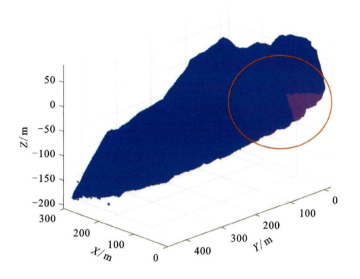

(a) 面节理密度J_s分布云图

(b) 实际节理发育特征

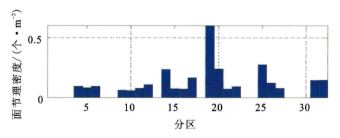

(c) 面节理密度统计直方图

图 3-23　3 号沟东岸坡表面节理发育情况图

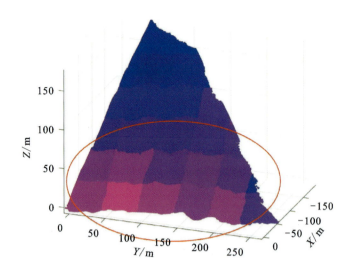

(a) 面节理密度 J_s 分布云图

(b) 实际节理发育特征

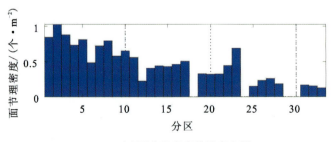

(c) 面节理密度统计直方图

图 3-24　3 号沟西岸 QH63 站点坡表面节理发育情况图

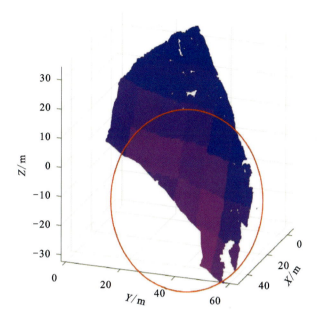

(a) 面节理密度J_s分布云图

(b) 实际节理发育特征

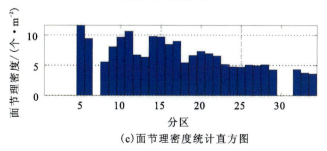

(c) 面节理密度统计直方图

图 3-25　3 号沟西岸 QH67 站点坡表面节理发育情况图

表 3-7　基于面节理密度的岩体卸荷分带表

卸荷带分布	主要地质特征	细化分带	面节理密度 $J_s/(个 \cdot m^{-2})$
强卸荷带	近坡体浅表部卸荷裂隙发育的区域裂隙密度较大,贯通性好,明显张开,宽度在几厘米至几十厘米之间,充填岩屑、碎块石、植物根须,并可见条带状、团块状次生夹泥,规模较大的卸荷裂隙内部多呈架空状,可见明显的松动或变位错落,裂隙面普遍锈染,雨季沿裂隙多有线状流水或成串滴水,岩体整体松弛	强-上卸荷带	$J_s>1$
		强-中卸荷带	$0.5<J_s<0.1$
		强-下卸荷带	$J_s<0.5$

3.4.2　基于钻孔纵波波速与井下电视的垂直卸荷带划分

根据 5 个垂直钻孔 α 值随钻孔深度变化情况,结合工程经验,给出了岩体卸荷带定量划分表征,见表 3-6,$\alpha<0.5$ 为强卸荷带;$0.5\leqslant\alpha<0.75$ 为弱卸荷带;当 $\alpha\geqslant0.75$ 时,虽然规范没有给出定义,但本研究根据纵波波速比定义,仍将 $\alpha\geqslant0.75$ 时的情况视为弱卸荷带。根据表 3-6 的标准,图 3-26 为根据 α 值进行风化带划分的结果,图中红色点代表强卸荷带,蓝色点代表弱卸荷带,绿色点代表弱卸荷带($\alpha\geqslant0.75$)。整体来讲,随着钻孔深度的增加,岩体卸荷程度逐渐降低。但是个别钻孔也出现了随着深度增加,卸荷程度增加的现象,如 ZKX132 的 60.7~69.9m 孔深处。

3.4.3　基于平硐地震波波速的水平卸荷带划分

依据现场开展的 7 号平硐(PD07)、8 号平硐(PD08)、1 号平硐(PD01)、9 号平硐(PD09)、10 号平硐(PD10)地震波波速测试数据对水平卸荷带进行划分。图 3-26 为 5 个平硐现场地震波波速测量结果,虽然波速随硐深波动较大,但是整体上呈增加趋势,即随着平硐硐深的增加,岩体卸荷程度较低,岩体变得较为完整。

根据提出的基于纵波波速比 α 卸荷带划分标准,进行 PD07 和 PD08 平硐水平卸荷带划分,划分结果如图 3-27 所示。图中红色点代表强卸荷带,蓝色点代表弱卸荷带,绿色点代表弱卸荷带($\alpha\geqslant0.75$)。

由图 3-27(a)可知,针对 PD07 平硐,11.78~67.28m 为强卸荷带、67.28~139.46m 为强—弱卸荷带。

由图 3-27(b)可知,针对 PD08 平硐,沿平硐方向可以划分 2 个卸荷带:66~130.58m(强卸荷带)、130.58~196.79m(强—弱卸荷带)。

由图 3-27(c)可知,针对 PD01 平硐,沿平硐方向可以划分 2 个卸荷带:7.39~139.75m(强卸荷带)、139.75~635.43m(强—弱卸荷带)。

由图 3-27(d)可知,针对 PD09 平硐,沿平硐方向可以划分 1 个卸荷带:7~115.88m(强卸荷带),即平硐全长为强卸荷带。

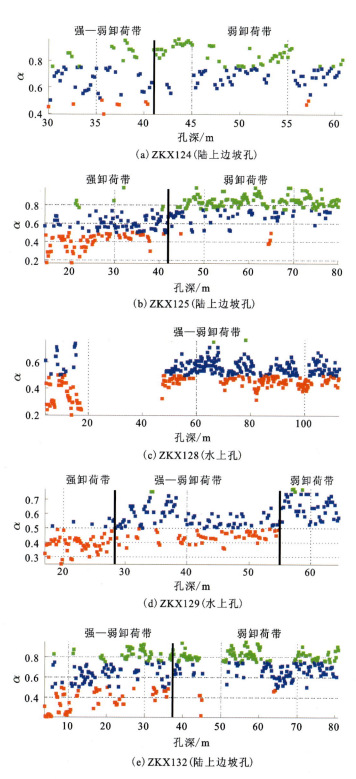

图 3-26 5 个钻孔波速随孔深变化曲线及卸荷带划分情况图

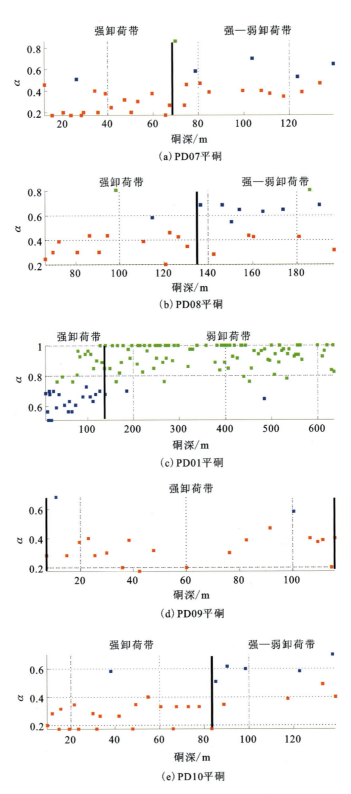

图 3-27 5 个平硐工程岩体卸荷带划分图

由图 3-27(e)可知,针对 PD10 平硐,沿平硐方向可以划分 2 个卸荷带:9.13~83.31m(强卸荷带)、83.31~138.8m(强—弱卸荷带)。

整体来讲,5 个平硐均表现出随着硐深的增加,岩体卸荷程度整体呈降低的趋势。

3.4.4 基于平硐数据的水平卸荷带划分

此次研究只在 7 号平硐(PD07)和 8 号平硐(PD08)开展了现场岩体结构面测量,获取了平硐硐壁素描图(PD07:7.65~152.63m;PD08:28~204m)。本小节根据现场测绘结果,借助前述章节三维激光扫描数据结果和岩体结构面三维随机网络模拟技术,分别计算岩体结构面二维线节理密度 J_l 和三维体节理密度 J_v,对不同硐深处的工程岩体卸荷程度开展分析评价。

1. 线节理密度法

线节理密度计算时涉及统计长度问题,不同统计长度下考虑的计算精度各不相同,也会影响卸荷程度评价细节。本次研究分别采用 0.2m、0.5m、1m、2m、5m、10m、15m 和 20m 八个统计长度,开展了统计长度对 PD07 平硐和 PD08 平硐线节理密度计算影响规律研究。

图 3-28 显示统计长度对 PD07 平硐线节理密度计算结果影响显著。统计长度越大,统计分辨率越低,部分节理发育特征会被忽略。当统计长度取小值时,统计分辨率会提高。但是,分辨率过高,也不利于整体上理解节理随硐深变化情况。不同统计长度下的结果均反映随着硐深的增加,线节理密度呈降低趋势,岩体结构也变得越来越完整。

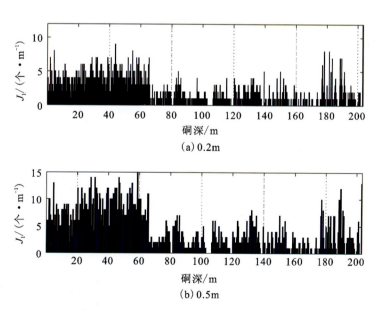

图 3-28 不同统计长度下 8 号平硐线节理密度 J_l 随硐深变化规律图

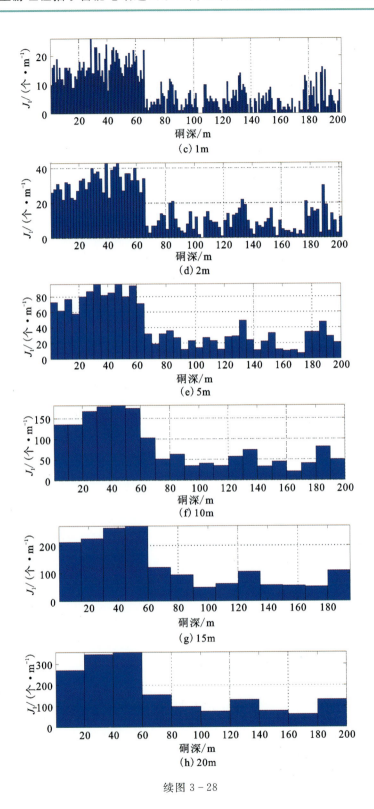

续图 3-28

图 3-28 显示,统计长度对 PD08 平硐线节理密度计算结果同样影响显著。统计长度越大,统计分辨率越低,会造成节理发育特征细节被忽略;统计长度越小,统计分辨率越大,不利于整体上理解节理发育特征。由统计图可以明显看出,随着硐深的增加,线节理密度越来越小,岩体结构越来越完整。

开展线节理密度与平硐地震波波速相关分析,建立两者关联模型,提出基于线节理密度指标的工程岩体卸荷带划分标准。图 3-29 展示的是 PD07 和 PD08 平硐纵波波速比与线节理密度相关性分析结果。由图可知,两者具有可接受的相关性(PD07:$r^2=0.43$;PD08:$r^2=0.61$)。因此,根据表 3-8 中提出的纵波波速比 α 卸荷带划分标准,建立相应基于线节理密度参数的工程岩体卸荷带划分标准,详见表 3-8。

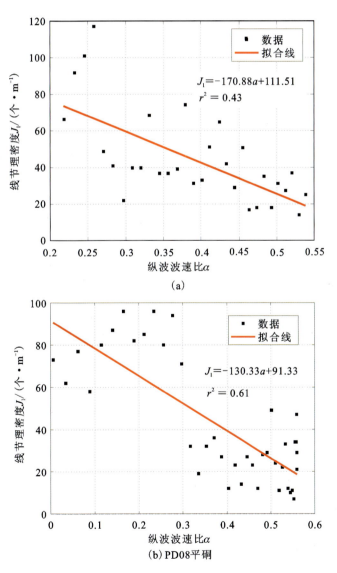

图 3-29 纵波速比与线节理密度相关性分析图

表3-8 基于线节理密度的工程岩体卸荷分带表

卸荷带分布	纵波波速比 α	线节理密度/(个·m^{-1})		
		PD07	PD08	平均值
强卸荷带	$\alpha<0.5$	$J_l>26.07$	$J_l>26.165$	$J_l>26.118$
弱卸荷带	$0.5\leqslant\alpha<0.75$	$0\leqslant J_l<26.07$	$0\leqslant J_l<26.165$	$0\leqslant J_l<26.118$

图3-30是根据线节理密度参数进行的坡体水平卸荷带划分结果(红色点为强卸荷、蓝色点为弱卸荷)。根据数据变化情况,从硐口至硐底,PD07平硐划分为2个区:0~74.11m(强卸荷带)、74.11~152.63m(强—弱卸荷带);PD08平硐划分为2个区:0~82.52m(强卸荷带)、82.52~204m(强—弱卸荷带)。划分结果与前述纵波波速比、点荷载指标、回弹仪指标等参数结果具有一定的相似性。

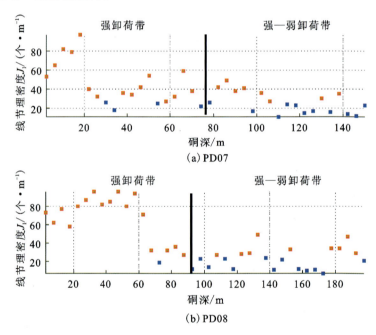

图3-30 基于线节理密度参数的水平卸荷带划分结果图

2.岩体结构面三维网络模拟法

进一步根据现场平硐测绘数据,利用岩体结构面三维随机网络模拟,开展基于体节理密度的卸荷岩体卸荷程度评价。为了与二维线密度评价结果对比,且降低计算成本,本次采用大约20m间隔进行体节理密度的计算。

首先,针对不同硐深区域,按照岩体结构面产状进行结构面分组。为了节约篇幅,在此仅以平硐PD08为例展示体节理密度计算的中间过程。图3-31为8个不同硐深处的岩体结构面赤平投影图,可以看出不同硐深揭露的岩体结构面发育特征类似,每个硐深处均发育有2组典型岩体结构面。

第 3 章 工程区卸荷岩体发育特征及高陡边坡分级研究

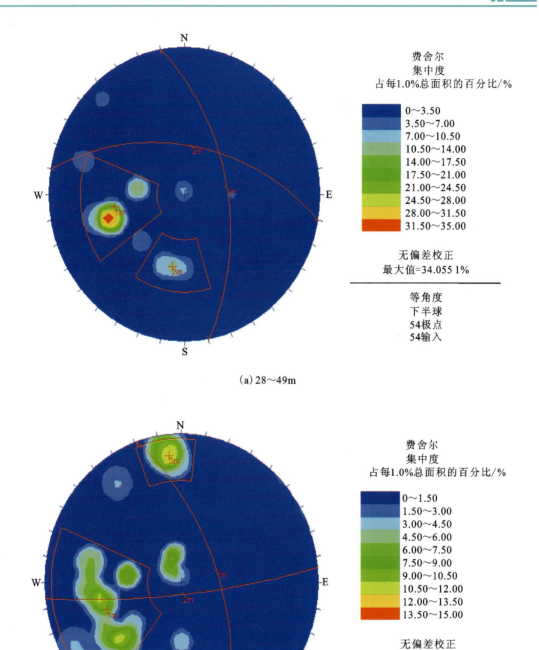

(a) 28～49m

(b) 49～70m

图 3-31 不同硐深岩体结构面赤平投影图

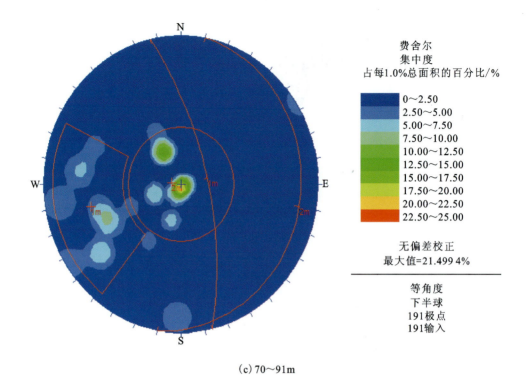

(c) 70～91m

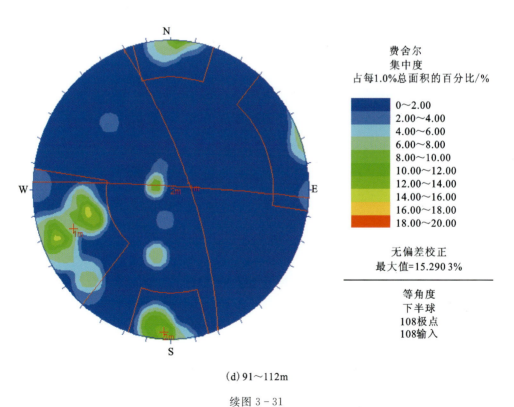

(d) 91～112m

续图 3-31

第 3 章 工程区卸荷岩体发育特征及高陡边坡分级研究

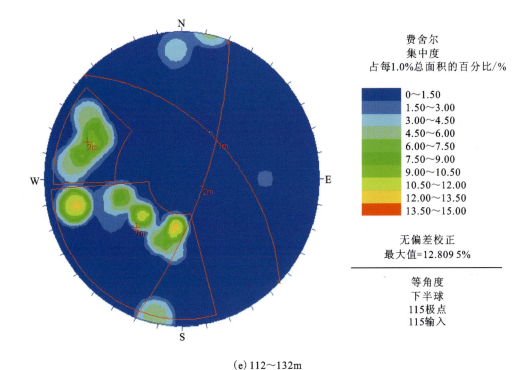

(e) 112～132m

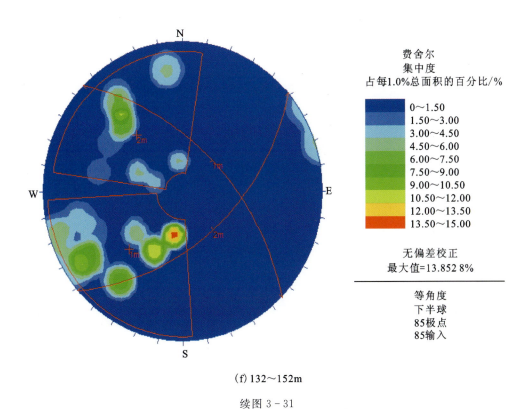

(f) 132～152m

续图 3-31

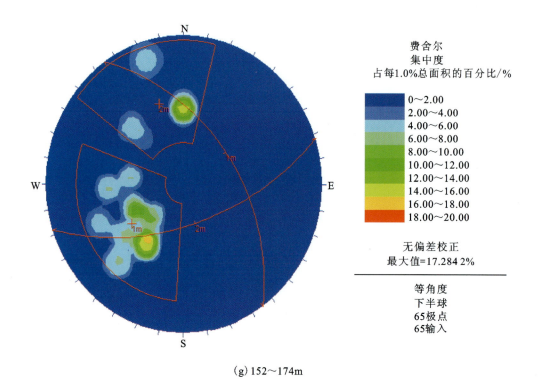

(g) 152~174m

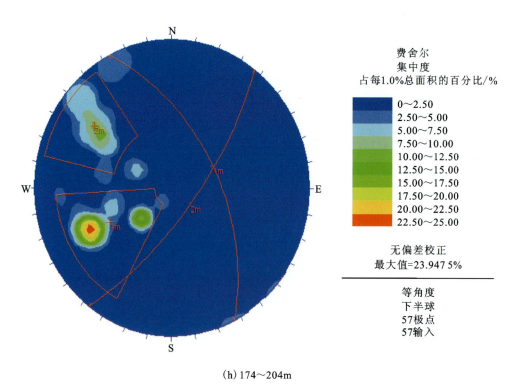

(h) 174~204m

续图 3-31

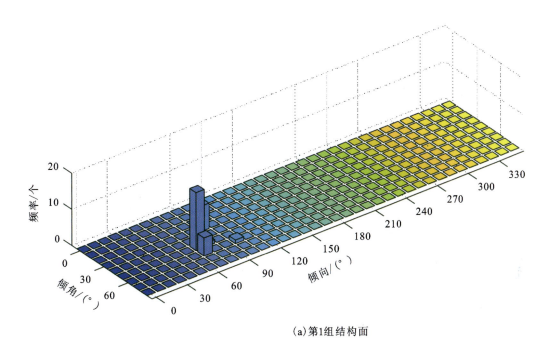

(a)第1组结构面

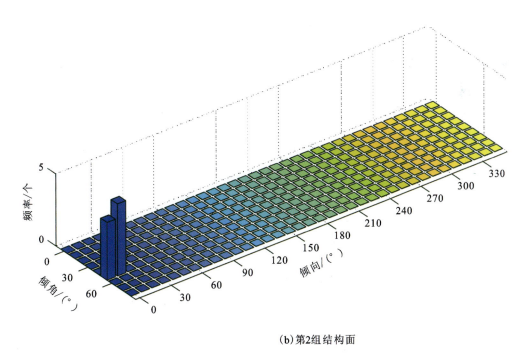

(b)第2组结构面

图 3-32　PD08 平硐 152～174m 硐深结构面产状相对频率三维柱状图

针对每一硐深的每组岩体结构面进行产状（倾向与倾角）、间距与迹长的数理统计分析，得出相应几何参数满足的概率分布函数和统计参数（如平均值 μ、标准方差 σ、最小值 Min 和最大值 Max）。为了节约篇幅，在此只展示第 7 段硐深（152～174m）两组结构的 4 个几何参数直方图，通过直方图能够清晰看出参数满足的概率密度分布形式（图 3-33 和图 3-34）。

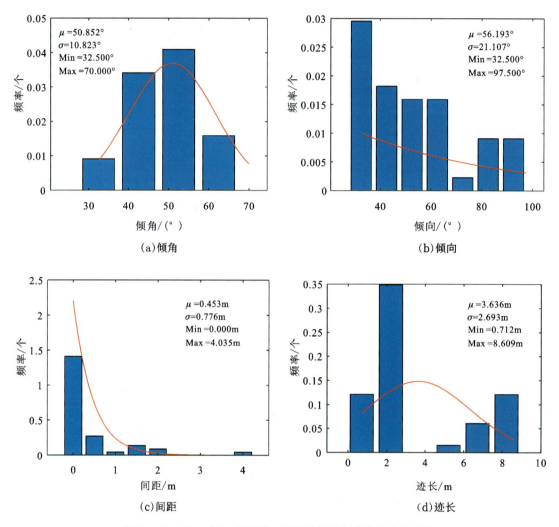

图 3-33　152～174m 硐深第 1 组结构面几何参数分布直方图

针对 8 段硐深区域的每组岩体结构面，按照上述数据处理方法，统计出所有岩体结构面产状、间距和迹长几何参数的概率分布类型与统计参数（表 3-9），这些数据为后续岩体结构面三维网络模拟研究提供了基础数据。由表 3-9 可知，岩体结构面几何参数主要满足的概率密度函数形式有经验分布、负指数分布形式、正态分布和均匀分布 3 种类型。

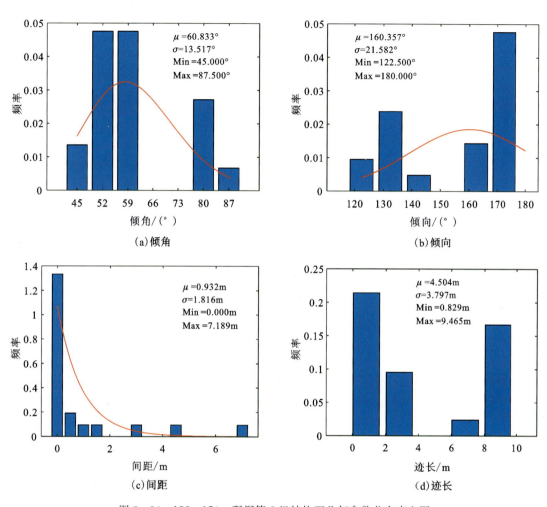

图 3-34 152~174m 硐深第 2 组结构面几何参数分布直方图

表 3-9 PD08 28~48m 硐深岩体结构面数理统计信息表

硐深	参数	分布类型	统计参数	组别
28~48m	倾向/(°)	经验分布	平均值：81.167 标准差：11.347 最小值：72.500 最大值：107.500	结构面1
	倾角/(°)	经验分布	平均值：54.500 标准差：10.306 最小值：37.500 最大值：67.500	

续表 3-9

硐深	参数	分布类型	统计参数	组别
28~48m	间距/m	负指数分布	平均值:0.664 标准差:0.737 最小值:≈0 最大值:2.800	结构面 1
	迹长/m	正态分布	平均值:4.659 标准差:2.031 最小值:1.137 最大值:6.604	
	倾向/(°)	经验分布	平均值:10.833 标准差:7.906 最小值:2.500 最大值:17.500	结构面 2
	倾角/(°)	经验分布	平均值:52.500 标准差:0 最小值:52.500 最大值:52.500	
	间距/m	正态分布	平均值:0.120 标准差:0.052 最小值:≈0 最大值:0.144	
	迹长/m	正态分布	平均值:1.478 标准差:0.281 最小值:0.992 最大值:1.858	

在岩体结构面网络模拟中,岩体结构面被假设为空间发育的薄圆盘平面。因此,圆盘的直径可以代表结构面的空间尺寸特征,而直径可由现场测得的迹长信息进行推导[式(3-19)],且直径与迹长具有相同的概率分布特征。

$$\bar{d} = \int_0^\infty d f_d(d) \mathrm{d}d = \frac{4}{\pi}\bar{l} \qquad (3-19)$$

式中:$\bar{d}$ 为薄圆盘结构面的平均直径;$\bar{l}$ 为现场测量的结构面迹长;$f_d(d)$ 为薄圆盘结构面直径概率密度函数。根据概率论与数理统计原理,可以获取结构面直径的分布特征(表 3-10)。

表 3-10 不同硐深岩体结构面直径概率模型参数汇总表

硐深	结构面组别	迹长/m	圆盘直径分布形式	圆盘直径均值	圆盘直径标准方差
28~48m	1	4.659	正态分布	5.932	2.031
	2	1.478	正态分布	1.882	0.281
49~69m	1	3.072	负指数分布	3.911	2.315
	2	2.233	正态分布	2.843	0.775
70~90m	1	4.141	均匀分布	5.272	1.896
	2	2.623	均匀分布	3.340	1.431
91~112m	1	2.604	正态分布	3.316	1.452
	2	4.598	负指数分布	5.854	1.143
112~132m	1	4.631	负指数分布	5.896	2.606
	2	2.625	负指数分布	3.342	1.287
132~152m	1	5.123	正态分布	6.523	3.324
	2	3.159	负指数分布	4.022	1.715
152~174m	1	3.636	正态分布	4.629	2.693
	2	4.504	均匀分布	5.735	3.797
174~204m	1	3.071	正态分布	3.910	2.321
	2	4.186	正态分布	5.330	2.803

另外,根据现场测得的岩体结构面间距信息,根据式(3-20)可以求得岩体结构面的体密度 λ_v(单位岩体体积内所发育的结构面条数):

$$\lambda_v = \frac{2\lambda_d}{\pi \bar{d}^2} \qquad (3-20)$$

式中:λ_d 为结构面线密度,等于间距的倒数。表 3-11 汇总了平硐 PD08 不同硐深处的体节理密度结果。

表 3-11 平硐 PD08 不同硐深岩体结构面体密度参数汇总表

硐深	结构面组别	平均间距/m	线密度/(个·m^{-1})	平均直径/m	体密度/(个·m^{-3})	总体密度/(个·m^{-3})
28~48m	1	0.664	1.506	5.932	0.027	0.757
	2	0.120	8.333	1.882	1.487	
49~69m	1	0.349	2.865	3.911	0.119	0.374
	2	0.309	3.236	2.843	0.255	

续表 3-11

硐深	结构面组别	平均间距/m	线密度/(个·m^{-1})	平均直径/m	体密度/(个·m^{-3})	总体密度/(个·m^{-3})
70～90m	1	0.416	2.404	5.272	0.055	0.428
	2	0.153	6.536	3.340	0.373	
91～112m	1	0.356	2.809	3.316	0.163	0.185
	2	0.815	1.227	5.854	0.023	
112～132m	1	0.276	3.623	5.896	0.066	0.166
	2	0.570	1.754	3.342	0.100	
132～152m	1	0.371	2.695	6.523	0.040	0.119
	2	0.502	1.992	4.022	0.078	
152～174m	1	0.453	2.208	4.629	0.066	0.087
	2	0.932	1.073	5.735	0.021	
174～204m	1	0.655	1.527	3.91	0.064	0.086
	2	1.015	0.985	5.33	0.022	

同理，计算出平硐 PD07 不同硐深处的体节理密度。由图 3-35 可以看出，体节理密度整体上随着硐深的增加而降低，即随着硐深增加岩体逐渐变得完整起来。但是，平硐 PD08 在硐深 80m 附近存在局部异常，体节理密度较大，表明这些硐深处单位体积发育的节理数据较多，岩体完整性也相对较低。

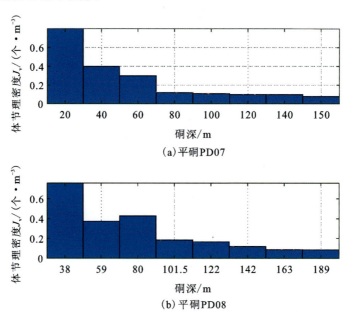

图 3-35 不同硐深处的体节理密度变化情况图

根据岩体结构面统计分析,获得了开展岩体结构面网络模拟所需的统计参数。假设模拟区域为正方体形状,尺寸为 10m×10m×10m。根据求得的体节理密度参数,随机产生不同硐深不同组别计算数量的岩体结构面(贾洪彪等,2001)。最终,平硐 PD07 岩体结构面网络模拟结果详见图 3-36,图中黑色为第一组节理模拟结果,蓝色为第二组节理模拟结果。平硐 PD08 岩体结构面三维网络模拟结果见图 3-37。通过观察岩体结构面三维随机网络模拟结果可以判断出,随着硐深的不断增加,单位体积发育的岩体结构面数量逐渐减少。这一规律和上述参数揭示规律较为一致。

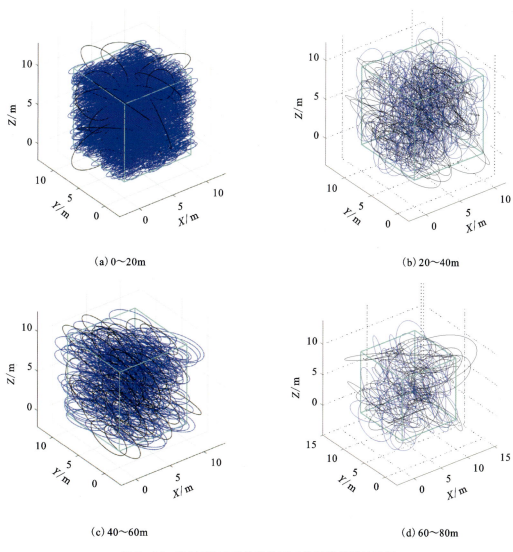

图 3-36　平硐 PD07 岩体结构面三维网络模拟示意图

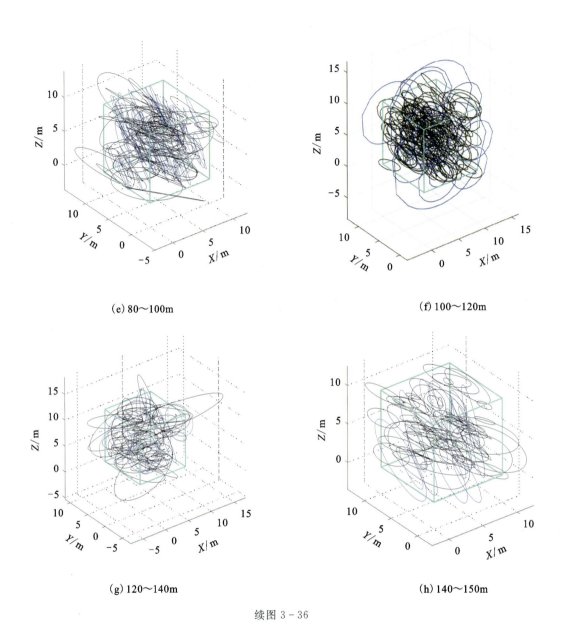

(e) 80~100m

(f) 100~120m

(g) 120~140m

(h) 140~150m

续图 3-36

开展体节理密度与平硐地震波波速相关分析，建立两者关联模型，提出基于体节理密度指标的工程岩体卸荷带划分标准。图 3-38 展示的平硐 PD07 和 PD08 纵波波速比与体节理密度相关性分析结果。由图 3-38 可知，两者具有可接受的相关性（PD07：$r^2=0.81$；PD08：$r^2=0.90$）。因此，根据表 3-8 中提出的纵波波速比 α 卸荷带划分标准，建立相应基于体节理密度参数的工程岩体卸荷带划分标准，详见表 3-12。

第 3 章 工程区卸荷岩体发育特征及高陡边坡分级研究

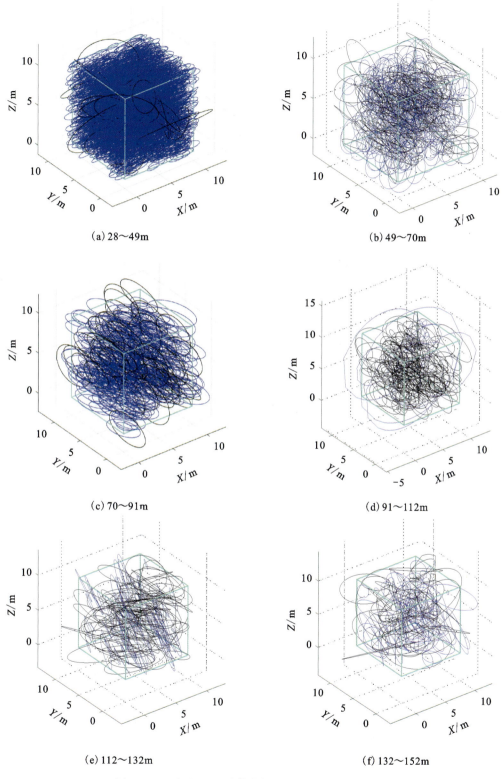

图 3-37 平硐 PD08 岩体结构面三维网络模拟示意图

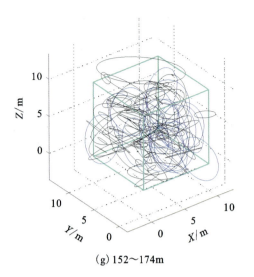

(g) 152～174m

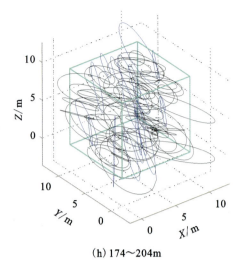

(h) 174～204m

续图 3-37

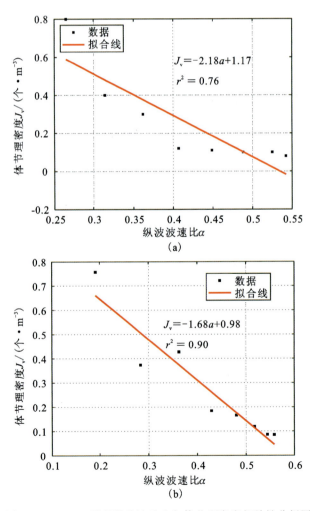

(a)

(b)

图 3-38　PD08 平硐纵波波速比与体节理密度相关性分析图

表 3-12 基于体节理密度的工程岩体卸荷分带表

卸荷带分布	纵波波速比 α	体节理密度 J_v/(个·m^{-3})		
		平硐 PD07	平硐 PD07	平均值
强卸荷带	α<0.5	J_v>0.08	J_v>0.14	J_v>0.11
弱卸荷带	0.5≤α<0.75	0≤J_v<0.08	0≤J_v<0.14	0≤J_v<0.11

图 3-39 是根据体节理密度参数进行的坡体水平卸荷带划分结果(红色点代表强卸荷、蓝色点代表弱卸荷)。根据数据变化情况,从硐口至硐底,平硐 PD07 划分为 2 个区:0~80m(强卸荷带)、80~152.63m(弱卸荷带);平硐 PD08 划分为两个区:0~122m(强卸荷带)、122~204m(弱卸荷带)。基于体节理密度划分结果与前述纵波波速比、点荷载指标、回弹仪指标、线节理密度等参数结果具有一定的相似性。

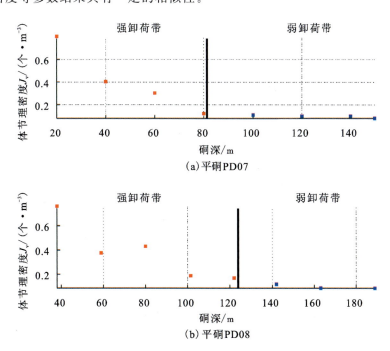

图 3-39 基于体节理密度的水平卸荷带划分结果图

3.5 小结与建议

本研究首先基于三维激光扫描和井下电视非接触测量手段,开展了研究区域坡表与坡体工程岩体结构面智能识别与信息提取工作,获取了岩体结构面的产状、深度、间距、等效迹长等几何参数信息,并进一步提取了岩体结构面面密度、线密度等描述岩体完整性指标;然后在三维激光扫描与井下电视测量结果的基础上,结合声波测试、平硐测绘等现场综合测试手段和岩体结构面三维网络模拟等技术,根据国家标准规范,开展了工程区域岩体风化带划分与卸荷带划分。

根据前述研究成果,本研究在工程区域岩体卸荷带划分提出了一些新指标,总结了该工程区域岩体卸荷带划分定量标准(表3-13)。该评价标准是根据现有测试数据,以纵波波速比为参考依据提出来的。建议在实际应用所提评价标准进行卸荷带划分时,数据测量与数据处理的方法与本研究中采用的方法保持一致。

表3-13 岩体卸荷分带评价标准建议表

评价指标	坡表卸荷带			坡内卸荷带	
	强-上卸荷带	强-中卸荷带	强-下卸荷带	强卸荷带	弱卸荷带
主要地质特征	近坡体浅表部卸荷裂隙发育的区域裂隙密度较大,贯通性好,明显张开,宽度在几厘米至几十厘米之间,充填岩屑、碎块石、植物根须,可见条带状、团块状次生夹泥,规模较大的卸荷裂隙内部多呈架空状,可见明显的松动或变位错落,裂隙面普遍锈染,雨季沿裂隙多有线状流水或成串滴水,岩体整体松弛。本研究对强卸荷带进行进一步细分,划分为强-上卸荷带、强-中卸荷带、强-下卸荷带			近坡体浅表部卸荷裂隙发育的区域裂隙密度较大,贯通性好,明显张开,宽度在几厘米至几十厘米之间,充填岩屑、碎块石、植物根须,并可见条带状、团块状次生夹泥,规模较大的卸荷裂隙内部多呈架空状,可见明显的松动或变位错落,裂隙面普遍锈染,雨季沿裂隙多有线状流水或成串滴水,岩体整体松弛	强卸荷带以里可见卸荷裂隙较为发育的区域裂隙张开,宽度几毫米,并具有较好的贯通性;裂隙内可见岩屑、细脉状或膜状次生夹泥充填,裂隙面轻微锈染,雨季沿裂隙可见串珠状滴水或较强渗水,岩体部分松弛
面节理密度 J_s/(个·m^{-2})	$J_s>1$	$0.5<J_s\leqslant 1$	$J_s<0.5$	—	—
纵波波速比 α	—	—	—	$\alpha<0.5$	$0.5\leqslant\alpha<0.75$
线节理密度 J_l/(个·m^{-1})				$J_l\geqslant 26.118$	$0\leqslant J_l<26.118$
体节理密度 J_v/(个·m^{-3})				$J_v\geqslant 0.12$	$0\leqslant J_v<0.12$

分别以平硐PD07、PD08、PD01、PD09、PD10为例,采用上述1个或3个指标(纵波波速比、线节理密度、体节理密度)综合开展水平卸荷带划分,每个指标所对应的划分结果如表3-14~表3-18所示。由表可知,5种指标划分结果具有一定的相似性。本研究建议平硐PD07按照表中综合划分取值,以平均硐深77.85m作为强卸荷带与强—弱卸荷带的界限硐深;建议平硐PD08按照表中综合划分取值,以平均硐深118.02m作为强卸荷带与强—弱卸荷带的界限硐深;建议平硐PD01按照表中综合划分取值,以平均硐深139.75m作为强卸荷

带与强—弱卸荷带的界限硐深;建议平硐 PD09 按照表中综合划分取值,以平均硐深 115.88m 作为强卸荷带与强—弱卸荷带的界限硐深;建议平硐 PD10 按照表中综合划分取值,以平均硐深 83.31m 作为强卸荷带与强弱卸荷带的界限硐深。

表 3-14　平硐 PD07 不同评价指标卸荷分带对比表

判别指标	卸荷带划分结果	卸荷带综合划分结果
纵波波速比 α	11.78～67.28m(强卸荷带) 67.28～139.46m(强—弱卸荷带)	0～77.85m(强卸荷带) 77.85～152.63m(强—弱卸荷带)
线节理密度 J_l/ (个·m^{-1})	0～74.11m(强卸荷带) 74.11～152.63m(强—弱卸荷带)	
体节理密度 J_v/ (个·m^{-3})	0～80m(强卸荷带) 80～152.63m(弱卸荷带)	

表 3-15　平硐 PD08 不同评价指标卸荷分带对比表

判别指标	卸荷带划分结果	卸荷带综合划分结果
纵波波速比 α	66～130.58m(强卸荷带) 130.58～196.79m(强—弱卸荷带)	0～118.02m(强卸荷带) 118.02～204m(强—弱卸荷带)
线节理密度 J_l/ (个·m^{-1})	0～87.52m(强卸荷带) 87.52～204m(强—弱卸荷带)	
体节理密度 J_v/ (个·m^{-3})	0～122m(强卸荷带) 122～204m(弱卸荷带)	

表 3-16　平硐 PD01 不同评价指标卸荷分带对比表

判别指标	卸荷带划分结果
纵波波速比 α	7.39～139.75m(强卸荷带) 139.75～635.43m(强—弱卸荷带)

表 3-17　平硐 PD09 不同评价指标卸荷分带对比表

判别指标	卸荷带划分结果
纵波波速比 α	7～115.88m(强卸荷带)

表 3-18　平硐 PD10 不同评价指标卸荷分带对比表

判别指标	卸荷带划分结果
纵波波速比 α	9.13～83.31m(强卸荷带) 83.31—138.8m(强—弱卸荷带)

参考文献

葛云峰,唐辉明,王亮清,等,2017.大数量非贯通节理岩体离散元数值模拟实现方法研究[J].岩石力学与工程学报,36(S2):3760-3773.

葛云峰,夏丁,唐辉明,等,2017.基于三维激光扫描技术的岩体结构面智能识别与信息提取[J/OL].岩石力学与工程学报,36(12):12.DOI:10.13722/j.cnki.jrme.2017.0870.

葛云峰,钟鹏,唐辉明,等,2019.基于钻孔图像的岩体结构面几何信息智能测量[J].岩土力学,40(11):4467-4476.

贾洪彪,唐辉明,刘佑荣,2001.岩体结构面网络模拟技术研究进展[J].地质科技情报,20(1):4.

孙文志,杨辉,郭景生,等,2022.基于三维激光点云的隧道开挖岩体结构面识别与信息提取[J].土木工程,11(5):9.

郑德华,沈云中,刘春,2005.三维激光扫描仪及其测量误差影响因素分析[J/OL].测绘工程,14(2):4.DOI:10.3969/j.issn.1006-7949.2005.02.010.

GE Y F,DV B TANG H M,et al.,2022. Rock joint detection from borehole imaging logs based on gray-level co-occurrence matrix and Canny edge detector[J]. Quarterly Journal of Engineering Geology and Hydrogeology(55):1-11.

GE Y,CAO B,TANG H,2022. Rock discontinuities identification from 3d point clouds using artificial neural network[J]. Rock Mechanics and Rock Engineering,55(3):1705-1720.

GE Y,TANG H,XIA D,et al.,2018. Automated measurements of discontinuity geometric properties from a 3D-point cloud based on a modified region growing algorithm[J/OL]. Engineering Geology(242):44-54. DOI:10.1016/j.enggeo.2018.05.007.

第4章 基于离散元3DEC/UDEC的边坡卸荷岩体稳定性及支护结构安全性评价

4.1 概述

本章主要介绍针对方案一边坡变形和稳定性特征的数值分析成果。值得注意的是,本章所开展的数值模拟基础资料,如建模所依赖的地质模型、边坡岩体结构和参数取值、边坡结构面分类以及各类结构面力学参数取值,均从初勘资料中获取。由于针对方案一,现场勘探仍然在继续,目前阶段也不具备获得完整基础资料的条件。为此,本章介绍的计算分析建立在目前工作基础上,后续工作中可能会视具体情况而调整。

目前完成的数值计算采用离散单元法,其中,三维分析采用3DEC,二维剖面数值分析则采用UDEC。3DEC/UDEC是目前世界上首款离散元方法程序(Itasca,2017),该程序不仅可以模拟大量结构面的变形、块体脱离和运动过程,而且可以通过一定力学方式模拟块体内部局部应力异常导致的破裂(顾东明等,2020)。由于工程区岩体结构面发育,破裂现象普遍,采用离散单元方法可以有效模拟块体沿结构面的变形情况。

边坡数值模拟的目的在于揭示潜在的变形破坏模式、分布位置、安全程度等,作为工程设计和决策的重要基础资料(蒋中明等,2017;周剑和张路青,2022)。本研究中,最重要的是确定性结构面网格及其决定的大型块体分布,其次是结构面力学参数,相较而言,岩体结构和岩体力学参数处于次要地位(但仍然重要和必不可少)。因此,在本章的开始阶段重点介绍所建立的方案一边坡岩体结构面网格模型,它是严格建立在钻孔勘察资料揭示的卸荷带、风化等划分的基础上,并同时增加影响边坡稳定性和破坏模式的主要结构面。岩体和结构面的力学参数取值则主要基于室内外力学测试,同时结合经验方法获取(巨能攀等,2010)。主要采用的强度模型为摩尔-库伦强度准则。数值分析考虑自然工况、暴雨工况、地震工况以及施工开挖条件,分析在这些工况作用下的边坡变形和破坏机制、稳定系数、潜在不稳定区域位置。

4.2 理论与方法简介

4.2.1 离散元3DEC/UDEC软件介绍

刚体离散元法的原理如下:以众多刚性块体的组合来表征岩体,并通过具有不同物理性质的连接形式(如阻尼、弹簧等)控制单元间的相对位移,建立离散元数值计算模型。该方法

的原理构建在牛顿第二定律之上,基本运动方程如下:

$$m\frac{\mathrm{d}^2 u}{\mathrm{d}t^2}(t)+c\frac{\mathrm{d}u}{\mathrm{d}t}+ku(t)=F(t) \qquad (4-1)$$

式中:m 为单元质量;u 为位移;t 为时间;c 为黏滞系数;k 为刚度系数,F 为单元所受外荷载。

离散元方法的求解过程:计算每个单元上的作用力,求出合力和合力矩,列出动力学方程式,通过差分格式解出一个微小时段的速度和位移,并应用于空间域上的所有块体。利用动态松弛法求解的优势是不会出现大规模的刚度矩阵,更不用存储,有效地提高了计算效率。

对不连续介质问题的研究催生了离散元法。通过岩块和块与块之间接触形成的节理面的离散组合构成岩体,岩块能够平移、转动与变形,节理面能够产生分离,甚至滑动。无论从宏观角度还是微观角度,岩体作为不连续介质处理更契合实际。

对于边坡工程而言,坡体在受到开挖扰动以后,坡体表面一定范围内的岩块在节理、裂隙等结构面的影响下都会松散、滑落,基于连续介质的数值模拟方法是无法模拟这种情况的,而离散元可以对这种现象进行接近实际情况的模拟(金磊等,2020;张管宏等,2020)。对于本研究而言,不连续节理面是影响边坡整体稳定性的主控因素,因此,离散元法正适用于本研究的岩质边坡稳定性分析。

3DEC 是基于离散元法建立不连续模型的一款商业三维数值模拟软件,1988 年,Cundall 及 Itasca 公司合作推出了可在 PC 上进行工程计算的 3DEC 软件(Cundall,1987)。这款软件可用来模拟不连续介质(如节理岩体)静态或者动态加载时的效果。不连续介质在 3DEC 里表示为离散块的组合。不连续性被视为块与块之间的边界条件,单个块体表现为刚体或变形体。3DEC 是基于拉格朗日计算方法的软件,它包含几种为完整及不连续介质内置的材料特性模型,允许模拟间断地质或类似材料的反应。3DEC 还包含强大的内置编程 Fish 语言以及 Python 语言,用户可以编写自己的程序以进行特定需求的分析。

4.2.2 离散裂隙网格建模方法

岩体内裂隙属于离散变量,其发育具有以下两方面特征:一是整个裂隙网络是基于构造或地层,并非所有裂隙都彼此相交或连通,其连通性与互相间的距离不存在直接联系;二是反映裂隙发育特征的各类参数相对复杂,同时包括了矢量性参数(如裂隙产状)与标量性参数(如裂隙密度、裂隙宽度、裂隙长度等)。正是基于这样的特殊性,离散裂隙网络(discrete fracture network,DFN)模型应运而生(Jing,2007)。与传统意义上的等效多孔介质(equivalent porous media,EPM)模型不同,DFN 模型明确定义了模拟区域内每一条裂隙的位置、产状、几何形态、尺寸以及宽度等性质,同时对裂隙进行分组,每一组均有各自的统计学共性,因此所有裂隙在空间上既被相互独立地随机放置,又分别属于不同发育特征的裂隙组。这既保证了裂隙网络被当作离散对象来对待,同时又使各种性质的裂隙参数都能得到充分考虑,为获得精确的裂隙几何模型与裂隙参数模型提供了可能。

DFN 建模的宗旨可归纳为充分利用各种资料获得的裂隙数据,建立能精确反映未知区裂隙产状、几何形态、尺寸、宽度及空间展布规律等的三维裂隙几何模型。在此基础上运用相关的数学算法,粗化计算得到能定量表征裂隙参数三维空间分布的数据体,即裂隙参数模型。裂隙网格建模的方法也可以按其特点分成确定性与随机性两类。在三维地质信息以及野外地质露头与钻井资料足够充分的情况下，可以将追踪出来的裂隙轨迹数据直接生成唯一确定的裂隙模型。显然，这种确定性裂隙建模的条件在绝大多数情况下很难得到满足。以现有的技术条件，还很难掌握岩体任一范围内各种尺寸裂隙确定的、真实的发育特征，这就意味着未知区的裂隙模拟在客观上与储层模拟一样，同样存在不确定性，即模拟结果具有多解性。因此，从国外的公开文献来看，学者们更多地倾向于基于已掌握的地质资料，结合随机建模方法来对岩体未知区的裂隙发育情况进行拟合。也就是以已获取的裂隙信息为基础，统计分析其各类参数，同时采用其他二维或三维成果数据作为约束条件，通过随机模拟方式生成可选的相同概率裂隙模型的方法。主导思想在于满足已知点的某些裂隙统计学理论发育特征的基础上，承认未知区裂隙的发育具有一定的随机性，这就很好地尊重了裂隙模拟具有不确定性的客观事实。由随机建模方法得到的最终裂隙模型并不是唯一的，而是给定条件范围内多个可能的实现(裂隙模型)，并且这些实现均忠于裂隙产状、裂隙尺寸、裂隙密度等特定裂隙参数的已知统计特征，正因为如此才保证了最终裂隙几何模型与裂隙参数模型在一定随机范围内的准确性。

4.2.3　强度折减法

强度折减法是一种在边坡稳定性分析中被广泛应用的方法。抗剪强度折减系数的明确概念由 O.C Zienliewicz 于 1975(Ziekiewicz,1975)年首次提出。抗剪强度折减系数的定义和极限平衡法定义的边坡安全系数是等效的，主要分析的是力与抗剪强度的关系。Duncan 于 1996 年定义抗剪强度折减系数为使边坡刚好达到临界破坏状态时，对土的剪切强度进行折减的程度，首次将这种思想用于土坡的稳定性分析之中。在利用摩尔-库伦准则进行边坡稳定性分析的过程中，黏聚力 c 和内摩擦角 φ 是影响边坡稳定性的重要指标。参考郑颖人的观点，本书中对 c、φ 以外表征岩土体强度的指标亦进行了折减。

近年来，随着计算机技术的快速发展以及强度折减法理论的日益完善，强度折减法在岩土工程尤其是边坡工程中得到了广泛应用(刘祚秋等,2005;马建勋等,2004)。此方法不必事先假定边坡滑移面的形状和位置，可以反映岩土材料应力、变形等的信息。强度折减法的基本思想是通过一定的折减系数不断折减岩土体的强度指标，把折减后的强度参数指标重新代入元计算模型中计算，根据一定的判断准则，直到边坡发生失稳破坏时对应的折减系数 K_s 即为所求状态下边坡的安全系数 F。因此，在本质上强度折减法与极限平衡法是等效的。下面以 c、φ 值为例说明强度折减法的表达公式。

$$K_s = \frac{\int_0^l \tau_f \mathrm{d}l}{\int_0^l \tau \mathrm{d}l} = \frac{\int_0^l (c+\sigma\tan\varphi)\mathrm{d}l}{\int_0^l \tau \mathrm{d}l} \qquad (4-2)$$

公式两边同时除以 K_s 可得到

$$1 = \frac{\int_0^l \left(\dfrac{c}{K_s}+\sigma\dfrac{\tan\varphi}{K_s}\right)\mathrm{d}l}{\int_0^l \tau \mathrm{d}l} = \frac{\int_0^l (c'+\sigma\tan\varphi')\mathrm{d}l}{\int_0^l \tau \mathrm{d}l} \qquad (4-3)$$

因此可得

$$\begin{cases} c' = \dfrac{c}{K_s} \\ \varphi' = \arctan(\tan\varphi/K_s) \end{cases} \quad (4-4)$$

4.3 边坡岩体破坏模式定性分析及边坡地质模型

本节所述的地质模型特指在地形、风化带、卸荷带等基础上,增加确定性结构面网络。其中的确定性结构面是指通过地表调查、钻孔解译、平硐测绘以及三维激光扫描能够明确其产状和位置的长大优势结构面,但需注意的是,这些结构面的延伸长度依然具有一定的推测性,需要在后续工作中进一步验证和修正。

4.3.1 方法与过程

方案一边坡工程地质信息主要包含勘探平硐揭露的结构面、现场工作中定义的小断层以及地表露头揭示的裂隙。统计显示,边坡岩体裂隙发育,这些结构面组合特征决定了岸坡变形的基本特征,成为岸坡自然条件和施工条件下变形和稳定的控制因素。

获得岩体结构面发育特征的主要流程如下:

(1)优势结构面延伸性基本特征。这是分析的基础,通过现场大范围踏勘,结合平硐信息分析,边坡岩体发育一组近东西走向(接近垂直坡面)的长大裂隙,形成类似横向坡的坡体。此外,还存在一组陡倾卸荷裂隙,走向基本与坡面平行。平硐填图还揭示了一组倾向坡外数量占优但长度相对有限的裂隙。这一组裂隙对边坡的影响较大。

(2)优势结构面产状特征。这是分析工作的基本依据之一,依据收集平硐、钻孔和地表露头测绘得到的结构面产状统计信息,绘制极点等密图,根据倾向和倾角进行分组。据此分成3组结构面并将3组统计信息分别输出(这是建立3组DFN裂隙网格的基础数据)。

(3)优势结构面地质特征。这是分析工作的另一重要依据,其中结构面类型和性质吻合性要求最高,其次是充填厚度或张开宽度等指示的规模及其随高程变化合理性,最后是其他特性,如充填物类型及其空间变化合理性,这对结构面强度取值具有参考作用。

4.3.2 边坡岩体破坏模式定性分析

根据现场调查测绘、平硐填图以及钻孔资料获取的结构面数据,绘制出优势结构面(各组结构面产状数据取统计平均值)与边坡的相互关系赤平极射投影图(图4-1),用以定性判断各组裂隙对边坡岩体的影响。根据裂隙的分布及各组裂隙与坡向的关系分析,可以看出坡体发育的主要3组结构面将岩体切割成块体,并且坡体存在一组倾向坡外的结构面J_3。尽管从统计平均值来看,J_3倾角与边坡坡角接近,考虑该值为裂隙倾角平均值,该组结构面存在部分倾角小于坡角的裂隙,因此边坡破碎岩体易沿该组外倾结构面发生滑移破坏。

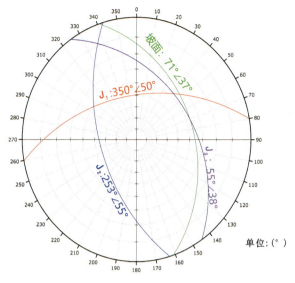

图4-1 坡面与各组结构面赤平投影图

4.3.3 结构面网络模型

图4-2展示的是基于平硐、钻孔和坡表测绘得到的工程区节理极点等密度图。本次分析共获取了1267条结构面信息,样本数量满足统计分析的需要。从大的方面讲,图4-2所示统计结果揭示了工程区节理分布的一个基本特征:离散性大,即节理特征发育差别明显,分布范围大。从工程地质的角度来看,研究工作的重点是这种变化性对岸坡卸荷、工程边坡变形和稳定性的潜在影响。

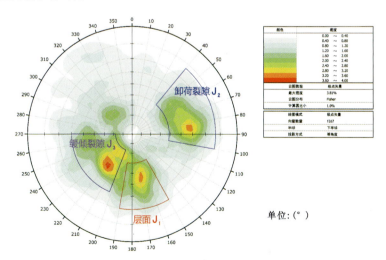

图4-2 基于平硐、钻孔和坡表测绘得到的工程区节理极点等密度图

可以看出,大体上工程区岩体发育的裂隙可以分为3组优势结构面。首先是横向节理J_1,这组结构面走向接近北南方向,基本上与坡面大角度相交[图4-3(a)],即可视为J_1垂直坡

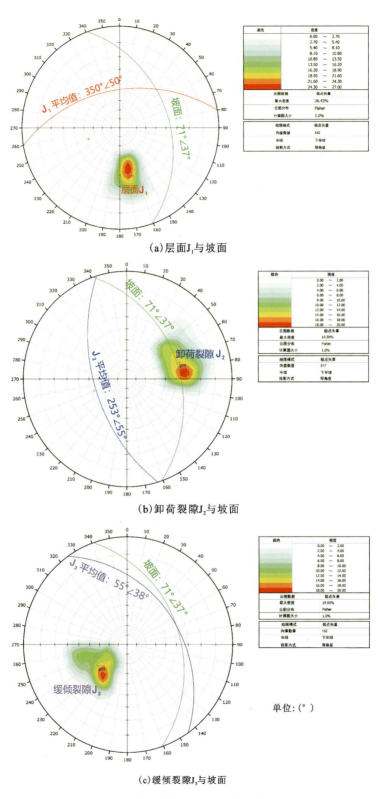

图 4-3　各组结构面与坡面产状关系图

面向里。结构面 J_2 与坡面走向的关系如图[4-3(b)]所示,总体上这组结构面呈反倾状态,倾角范围在 $50°\sim80°$ 之间。第三组裂隙为发育多、迹线短的缓倾结构面,这组结构面与坡面倾向几乎相同,岩石块体易沿着该组结构面发生滑移[图4-3(c)]。

生成确定性结构面网络过程实际是利用已有资料结合地质判断的结构面三维建模过程。基于上述结构面统计信息和分组后,将导出的3组结构面产状信息作为基本数据库。考虑测绘获取的结构面数量有限,在上述结构面数据库的基础上,依据每组结构面的统计学信息,对每组结构面的数量进行扩充,最终建立三维 DFN 结构面网格模型(图4-4)。

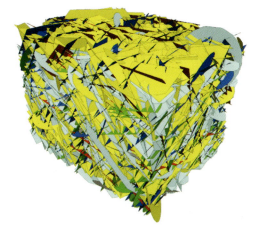

(a) DFN 裂隙网络模型

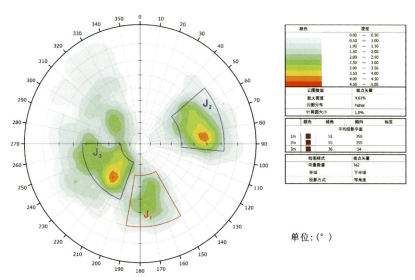

(b) DFN 裂隙极点投影密度图

图 4-4　DFN 裂隙网络模型及其极点投影密度图

4.4 计算模型与假设条件

4.4.1 计算模型

建模需要解决的第一个关键问题就是确定建模范围。建模范围过小可能影响应力分布和岸坡变形过程的荷载传递关系,从而影响计算结果;建模范围过大则影响计算效率。综合考虑上述两个方面的因素,并进行一系列的试算以后,本次模拟采用计算模型的顶部高程为2740m,底部高程为2200m,模型沿着坡横向和纵向的长度分别为480m和580m(图4-5)。试算结果显示,该模型范围可以较好地体现应力分布的合理性。

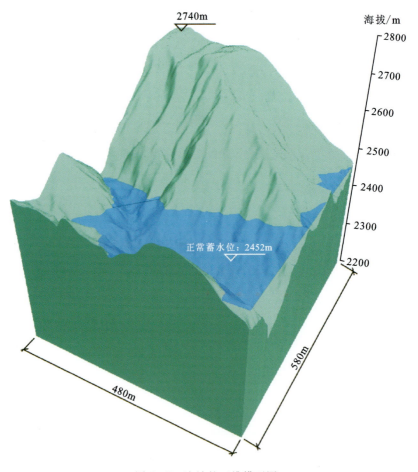

图4-5 边坡的三维模型图

建模需要解决的第二个关键问题为边坡岩体分带问题,即确定卸荷带、风化带的厚度。

第4章 基于离散元 3DEC/UDEC 的边坡卸荷岩体稳定性及支护结构安全性评价

这部分工作主要依据钻孔数据、钻孔岩体 RQD 数据以及平硐编录等数据。具体流程如下（图 4-6）：①首先确定坡面三维模型和在方案一坡体上布置的钻孔位置；②基于第 3 章的研究成果，获取强卸荷带、弱卸荷带厚度数据；③确定在钻孔位置处强卸荷面、弱卸荷面的离散坐标数据点，然后基于这些离散数据，通过曲面拟合获取强卸荷面、弱卸荷面的三维空间位置。通过上述方法，建立边坡三维离散元模型（图 4-7）。其中，强卸荷层平均厚度为 40m，最大厚度为 80m；弱卸荷层平均厚度为 30m，最大厚度为 80m。

(a) 坡面三维模型图

(b) 强卸荷面三维模型图及对应的钻孔位置图

(c) 弱卸荷面三维模型图及对应的钻孔位置图

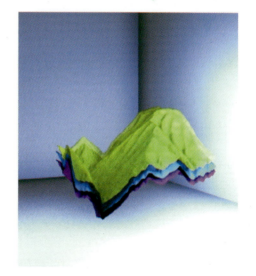
(d) 坡面、强卸荷面和弱卸荷面空间位置图

图 4-6 边坡模型分层流程图

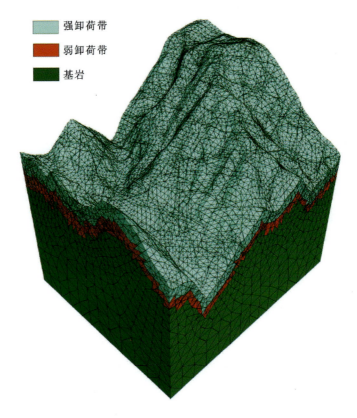

图 4-7　3DEC 边坡模型及岩体分层图

此外,根据前文建立含 DFN 裂隙网格的 3DEC 计算模型,结合边坡进出水口位置 S10 工程地质剖面图,进一步对岩土体的分组进行细分,将边坡分为强卸荷带、弱卸荷带、断层 F_{5-1} 和基岩 4 个区域,同时考虑中小断层 F_{167}、F_{178}、F_{180}、f_{170}、f_{171}、f_{172}、f_{185} 和 f_{196} 等的影响。模型水平方向与进出水口隧洞方位保持一致,长度为 580m,竖向高程在 2200~2740m 之间,最大高差约为 500m,含 DFN 裂隙网格的 UDEC 计算模型(剖面 S10)如图 4-8 所示。

4.4.2　模型边界条件及计算参数取值

根据边坡的基本工程地质特征及变形失稳特点,对数值计算模型的 4 个侧边界施加法向速度固定约束,底边界施加三向速度固定约束,坡表为自由边界。

模拟采用摩尔-库伦强度准则,参数取值主要来源于室内单轴压缩试验(图 4-9)、现场结构面直剪试验(图 4-10)、现场硐壁岩石回弹测试[图 4-11(a)、图 4-12(a)]与点荷载测试[图 4-11(b)、图 4-12(b)]、预可行性研究报告建议值,并通过模型参数校核(参数输入保证边坡整体处于稳定状态)。表 4-1 和表 4-2 给出了本次计算中结构面参数和岩层取值结果,原则上强调彼此之间的相对合理性,基于上一章的定性分析,暂时忽略绝对值合理程度,结构面合理取值将在后面的章节中讨论。事实上,表 4-1 所示取值已经是一系列参数

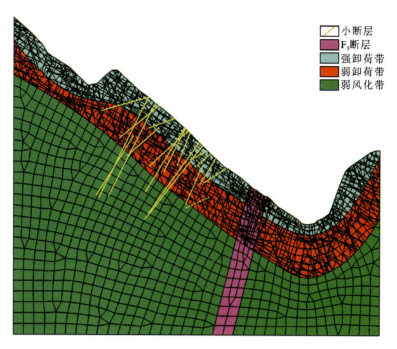

图 4-8 S10 剖面 UDEC 边坡模型图

敏感性分析后的结果,具有良好的总体合理性,不会出现绝对量值偏差过大而影响分析结果的定性合理性的现象。

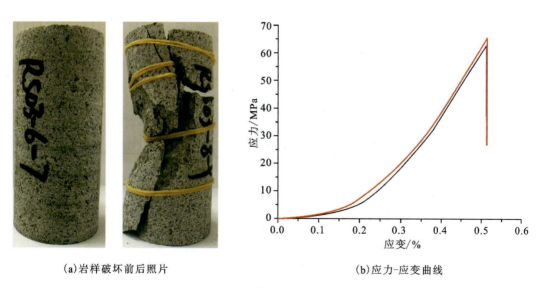

(a) 岩样破坏前后照片　　　　　　　　(b) 应力-应变曲线

图 4-9 部分单轴压缩试验结果图

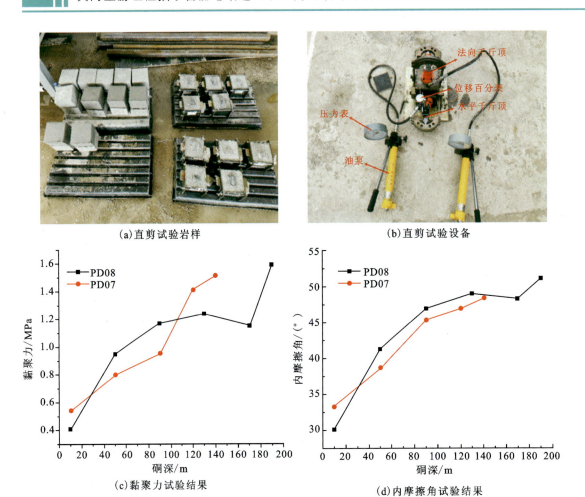

图 4-10 现场结构面直剪试验及结果图

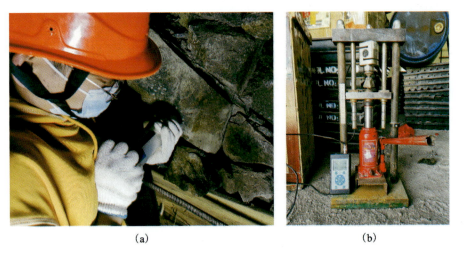

图 4-11 现场硐壁岩石回弹测试(a)和硐壁岩石点荷载测试(b)图

第 4 章 基于离散元 3DEC/UDEC 的边坡卸荷岩体稳定性及支护结构安全性评价

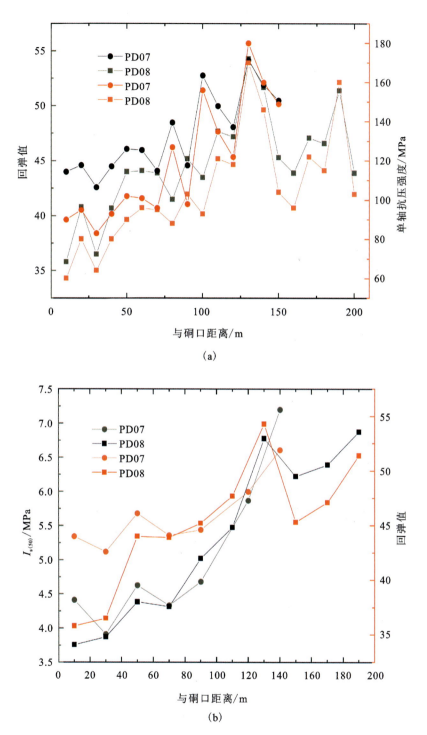

图 4-12 部分岩石回弹测试结果(a)和点荷载测试结果(b)图

表 4-1 结构面参数取值表

岩层	组别	法向刚度/(GPa·m^{-1})	剪切刚度/(GPa·m^{-1})	黏聚力/MPa	抗拉强度/MPa	内摩擦角/(°)
强卸荷带	层面 J$_1$	20	20	0.48	0.24	25.7
	卸荷裂隙 J$_2$	16	16	0.31	0.15	16.8
	外倾结构面 J$_3$	10	10	0.24	0.12	16.8
弱卸荷带	层面 J$_1$	25	25	1	0.5	30
	卸荷裂隙 J$_2$	20	20	0.38	0.19	21
	外倾结构面 J$_3$	16	16	0.31	0.15	16.8
F$_{5-1}$断层	结构面	10	10	0.1	0.05	16.8
基岩	/	30	30	2	1	35

表 4-2 岩石参数取值表

岩层	密度/(kg·m^{-3})	体积模量/GPa	剪切模量/GPa	黏聚力/MPa	抗拉强度/MPa	内摩擦角/(°)
强卸荷带	2710	6.67	4	5.5	0.55	30
弱卸荷带	2710	25.3	16	25	2.5	30
F$_{5-1}$断层	2710	6.67	4	5.5	0.55	30
基岩	2720	25.3	17.4	29	2.9	35

4.4.3 计算工况

本次计算主要关注自然边坡、无支护开挖边坡以及支护后边坡的稳定性。因此，结合工程需求，本节数值模拟研究主要包括自然边坡、无支护开挖边坡以及支护后边坡在天然工况、暴雨工况以及地震工况下的稳定性计算，具体见表 4-3。

表 4-3 本数值模拟研究包含的计算工况表

情形	考虑的工况
自然边坡	天然工况
	暴雨工况
	地震工况
无支护开挖	天然工况
	暴雨工况
	地震工况
开挖+支护边坡	天然工况
	暴雨工况
	地震工况

4.5 浅表层堆积体稳定性分析

需要注意的是,由于方案一边坡的全风化层为崩坡积块石层(Qh^{col+dl})。该地层中存在大量砂土、碎石、块石等,呈松散状堆积于坡表,在降雨及地震条件下易发生滑移失稳。因此,在计算边坡稳定性时,首先采用 Geo-Studio 对坡表浅层堆积体稳定性开展分析。综合预可研阶段勘察设计报告推荐值、相关规范手册及参考文献,本边坡相关岩土体物理力学参数如表 4-4 所示。表 4-4 中弱风化和微风化花岗岩参考《水利水电工程地质手册》。

表 4-4 滑坡体力学计算参数表

岩性	天然工况			暴雨工况		
	容重/(10^3 N·m^{-3})	黏聚力/kPa	内摩擦角/(°)	容重/(10^3 N·m^{-3})	黏聚力/kPa	内摩擦角/(°)
残坡积土	18.9	25	26	19.3	21	24
强风化花岗岩	20.8	45	37	21.2	40	35
弱风化花岗岩	25.0	3000	42	25.5	2800	40
微风化花岗岩	27.0	5000	48	27.5	4700	46

计算时采用 AutoCAD 软件建立边坡剖面地质概化模型,将建立的剖面模型导入 Geo Studio 2018 软件的 SLOPE/W 模块,建立典型剖面的地质概化模型,采用刚体极限平衡法进行稳定性分析,采用摩尔-库伦本构模型计算抗滑力,设置不同工况下的力学参数。计算结果如图 4-13~图 4-15 所示。可以看出,由于剖面上部坡度较小,残积土层稳定性较好;中部偏下的堆积层坡度较陡,稳定性较差。因此,该剖面滑面搜索范围设置在中部以下。

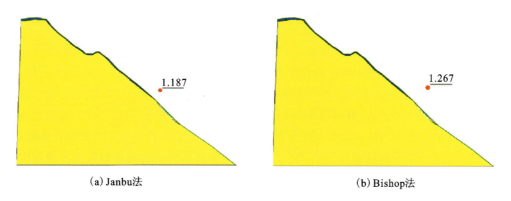

(a) Janbu法 (b) Bishop法

图 4-13 天然工况下浅表层堆积体稳定性计算结果图

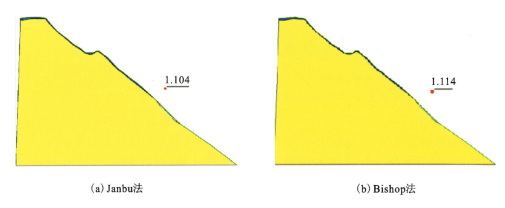

(a) Janbu法　　　　　　　　(b) Bishop法

图 4-14　暴雨工况下浅表层堆积体稳定性计算结果图

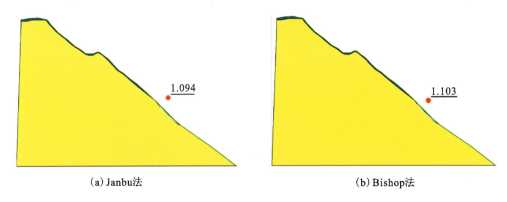

(a) Janbu法　　　　　　　　(b) Bishop法

图 4-15　地震工况下浅表层堆积体稳定性计算结果图

4.6　自然边坡稳定性与潜在破坏模式

4.6.1　天然工况

岸坡稳定性评价采用了强度折减计算方式,同时对岩体和结构面力学参数按不同的系数进行折减,直到岸坡发生破坏。自然岸坡发生较大范围失稳破坏时对应的折减系数,即视为等同于稳定系数。计算中对岩体和结构面采用了不同强度准则,折减计算时统一换算到摩尔-库伦强度准则基础上,相当于同时对 c 和 φ 进行等系数的折减。

为观察自然边坡的破坏范围,首先采用 3DEC 模型开展数值模拟,初步结果分析如下。如图 4-16(a) 所示,当折减系数达到 1.2 时,边坡变形开始明显增大。但变形主要发生于边坡局部岩体,边坡并非产生大范围整体变形。此外,边坡的变形还受到微地貌的影响,发生较大变形的岩体主要位于山梁等突出地表的位置。因此,工程建设过程中应当重点关注这些部位岩体的稳定性变化。

第4章 基于离散元 3DEC/UDEC 的边坡卸荷岩体稳定性及支护结构安全性评价

为探究工程边坡岩体的破坏范围和模式，在数值计算中，将折减系数调整为较大值。图 4-16(b)展示的是在 K_s 较大情况下的岩体位移云图。可以看出，在折减较多的情况下，边坡位移明显增长，发生明显变形的区域也明显增大。然而，模拟结果依然表明，边坡更倾向于发生局部破坏，而非整体破坏。此外，易发生破坏的岩体大多处于山梁位置，这与前述模拟结果吻合。

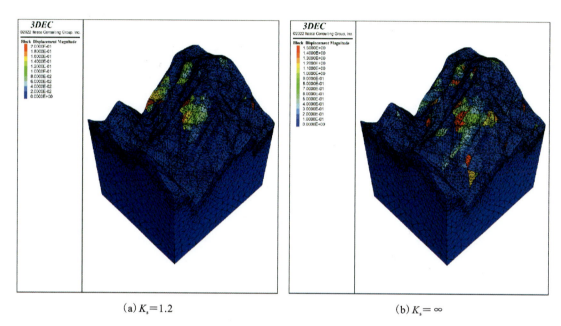

(a) $K_s = 1.2$ (b) $K_s = \infty$

图 4-16 $K_s = 1.2$ 和 $K_s = \infty$ 情况下的位移云图(位移单位：m)

为详细研究边坡在深度方向上的变形模式和范围，采用 UDEC 针对剖面 S10 开展数值模拟研究。图 4-17 为对自然边坡进行强度折减计算时的变形增量曲线。本次计算按照 0.02 的增量分别开展了强度折减系数从 1.02～1.16 的计算，主要目的是获得失稳临界状态。可以看出，在折减系数从 1.02 增长至 1.14 的过程中，监测点位移逐渐增加，每一次折减系数增加引起的边坡变形增量为台阶状递增，反映了边坡内部损伤积累的过程。值得注意的是，在这一过程中，边坡变形是可以收敛的。当折减系数为 1.16 时，监测点处的变形增量增长速率明显加大，并且位移不再收敛，由此判断自然边坡的稳定系数略低于 1.16，边坡整体稳定性系数约为 1.15。如表 4-5 所示，据《水电工程边坡设计规范》(NB/T 10512—2021)第 3.4.2 条，正常运用条件边坡稳定安全系数标准的要求，Ⅰ级边坡安全系数要求为 1.25～1.30，可见自然边坡抗滑稳定性是不满足要求的，势必要采取一定的加固措施对边坡进行有效的加固。

从图 4-18 可以看出，边坡变形深度主要以弱卸荷带为界限，变形较大的岩体主要位于弱卸荷带以上，处于弱卸荷带以下的大部分岩体变形不明显。上述结果表明，岸坡上部一带稳定系数略低于中下部区域，岸坡发生破坏时，首先从上部区域开始。当上部强度衰减程度略有增加时，整个岸坡会大范围失稳，这一特点揭示了上部破坏对整体稳定性的重要影响，

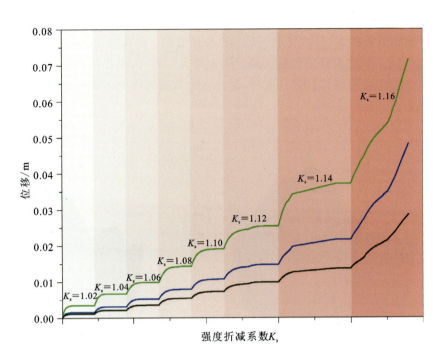

图 4-17　自然边坡进行强度折减计算时的变形增量曲线图

起到触发作用。此外，从图 4-18 还可以看出，边坡不稳定岩体变形主要受结构面控制，这一点在图 4-19 中也能得到佐证：边坡最终的破坏模式是台阶状滑移-拉裂破坏，即最终破坏面由陡倾（或反倾）-缓倾结构面贯通而成，形成台阶状破坏面，从缓倾结构面剪出。缓倾结构面发生剪切破坏，陡倾结构面发生拉裂。因此，边坡最可能的破坏模式是台阶状滑移-拉裂破坏。

表 4-5　抗滑稳定安全系数标准（据《水电工程边坡设计规范》(NB/T 10512-2021)）

级别	A类枢纽工程区边坡			B类水库边坡			C类河道边坡		
	基本组合		偶然组合	基本组合		偶然组合	基本组合		偶然组合
	持久状况	短暂状况	偶然状况	持久状况	短暂状况	偶然状况	持久状况	短暂状况	偶然状况
Ⅰ	1.30~1.25	1.20~1.15	1.10~1.05	1.25~1.15	1.15~1.05	1.05	1.20~1.10	1.10~1.05	1.05
Ⅱ	1.25~1.15	1.15~1.05	1.05	1.15~1.05	1.10~1.05	1.05~1.00	1.10~1.05	1.05~1.02	1.02~1.00
Ⅲ	1.15~1.05	1.10~1.05	1.00	1.10~1.05	1.05~1.00	1.00	1.05~1.02	1.02~1.00	1.00

第 4 章　基于离散元 3DEC/UDEC 的边坡卸荷岩体稳定性及支护结构安全性评价

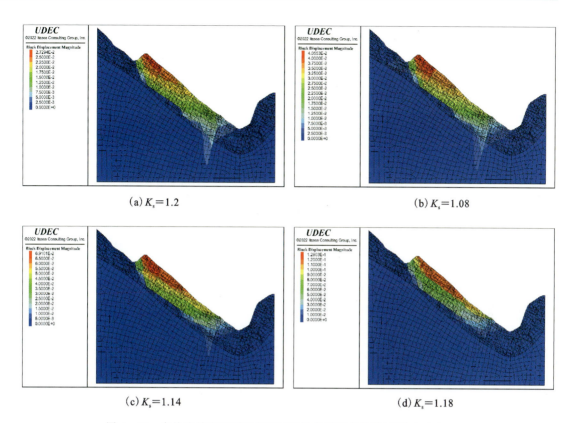

(a) K_s=1.2

(b) K_s=1.08

(c) K_s=1.14

(d) K_s=1.18

图 4-18　自然边坡在不同强度折减系数条件下的位移云图(位移单位:m)

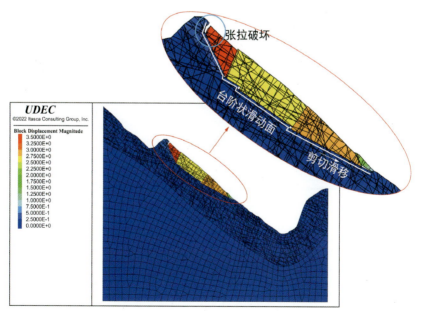

图 4-19　自然边坡最终破坏模式——台阶状滑移-拉裂破坏图(位移单位:m)

4.6.2 暴雨工况

为明确边坡在极端降雨条件下的变形特征及稳定性,本研究开展了暴雨工况下的边坡稳定性分析数值研究。为简化计算,研究中通过岩体强度折减系数来近似模拟暴雨工况,岩体具体强度折减系数则是通过岩石饱和强度试验来近似获得。结合试验结果发现,本研究中岩石软化系数在 0.8~0.9 范围内。因此,本研究将岩石和结构面的强度折减系数设置为 0.85 来近似模拟暴雨工况,具体结果分析如下。

从图 4-20、图 4-21 可以看出,在暴雨条件下,边坡变形明显增大,最大值约 5cm。总体上,在暴雨工况下边坡变形可以收敛。随后,同样采用强度折减法对边坡强度参数进行折减,随着强度折减系数 K_s 从 1.02 增至 1.04,边坡变形可以收敛,说明边坡的稳定系数是大于 1.04 的。继续将折减系数增至 1.06,监测点处的位移增速和增幅明显加大,同时边坡的变形不再收敛,可以大概估算在暴雨工况下,边坡的稳定系数在 1.05 左右。据《水电工程边坡设计规范》(NB/T 10512—2021)第 4.0.5 条,暴雨工况对应短暂状况,Ⅰ级枢纽工程区边坡稳定系数要求为 1.20~1.15,可见暴雨工况下,自然边坡抗滑稳定性也不满足要求。

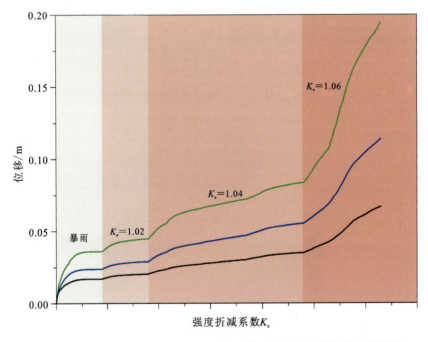

图 4-20 暴雨工况下自然边坡监测点位移与强度折减系数的变化曲线图

图 4-22 展示的是在暴雨工况下,边坡的最终破坏模式和破坏范围。可以发现,与天然工况相似,暴雨工况下边坡发生的也是由陡倾卸荷裂隙和外倾缓裂隙组合贯通形成的台阶状滑移-拉裂破坏。

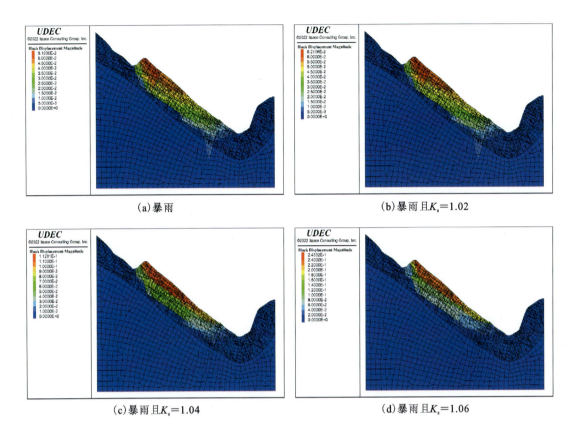

图4-21　暴雨工况下自然边坡在不同强度折减系数条件下的位移云图

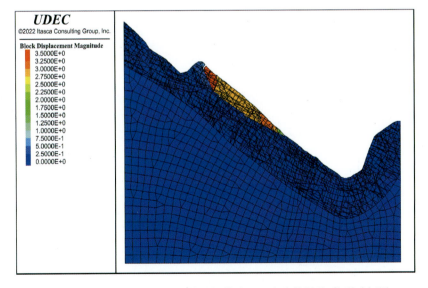

图4-22　暴雨工况下边坡最终破坏模式——台阶状滑移-拉裂破坏图

4.6.3 地震工况

根据《水电工程边坡设计规范》(NB/T 10512—2021),对处于设计地震加速度 0.1g 及其以上地区的 1 级、2 级边坡和处于 0.2g 及其以上地区的 3~5 级边坡,应按拟静力法进行抗震稳定性计算。本工程位于 7 度抗震设防地区,边坡等级为 1 级,因此有必要开展地震条件下的边坡稳定性研究。考虑本工程下水库利用已建的拉西瓦电站水库,拉西瓦电站水库大坝为 1 级建筑物,抗震设防类别为甲类,基岩地表水平向设计地震动峰值加速度代表值的概率水准为 100 年内超越概率 0.23g。因此采用设计地震加速度为 0.23g。其中,水平地震动加速度和竖向地震动加速度取值分别如下:

$$\begin{cases} a_h = a\xi a_i \\ a_v = \dfrac{1}{2} \times \dfrac{2}{3} a_h \end{cases} \tag{4-5}$$

式中:a 为设计地震加速度;ξ 为折减系数,取 0.25;a_i 为质点动态分布系数,可取 1。据此,分别可以计算得到 $a_h = 0.575 \text{m/s}^2$,$a_v = 0.192 \text{m/s}^2$。

从图 4-23 可以看出,地震条件下边坡可产生明显位移,最大达 5.8cm,但边坡变形总体上可以收敛。当折减系数为 1.02 和 1.04 时,边坡变形明显增大,总体变形依然可以收敛,反映出边坡在地震工况下稳定系数是超过 1.04 的。当折减系数为 1.06 时,边坡变形开始剧烈增大,且变形不收敛。综上判断,地震工况下的边坡稳定性系数约为 1.04。如图 4-23 所示,据《水电工程边坡设计规范》(NB/T 10512—2021)第 4.0.5 条,地震工况对应偶然状况,Ⅰ级枢纽工程区边坡安全系数要求为 1.10~1.05,可见地震工况下,自然边坡抗滑稳定性也是不满足要求的。

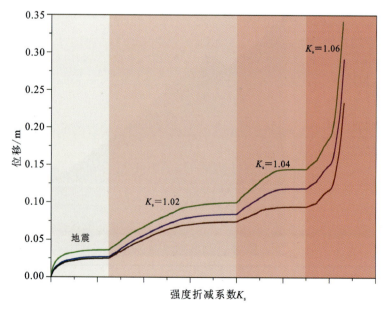

图 4-23 地震工况下自然边坡监测点位移与强度折减系数的变化曲线图

仔细分析边坡的变形模式可以看出，与天然工况和暴雨工况对比，边坡在地震条件下的变形呈现明显的分层现象(图4-24)，这应该属于水平地震分量作用的结果。图4-25为边坡在地震作用下的最终破坏模式。可以看出，边坡最终发生的是后缘拉裂-前缘剪出的破坏模式，且破坏面同样受已有的结构面控制，属于地震条件下，岩质边坡典型的破坏模式。

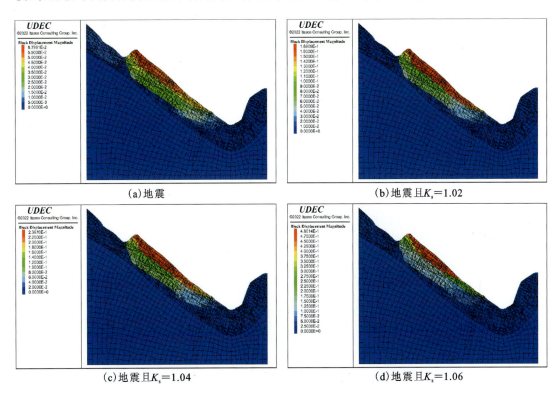

图4-24　地震工况下自然边坡在不同强度折减系数条件下的位移云图

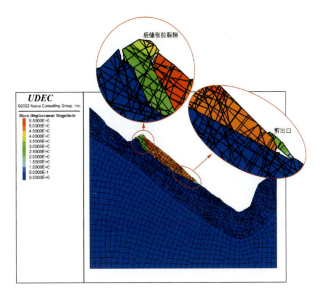

图4-25　地震工况下边坡最终破坏模式——后缘拉裂-前缘剪出图

4.7 边坡无支护开挖变形与稳定性分析

4.7.1 开挖方案

本节开展边坡在无支护开挖条件下的变形特征与潜在破坏模式研究。开挖方式为分步开挖,数值模型中开挖分步如图 4-26 所示,即共分 11 个阶段完成开挖过程模拟,各开挖步对应的起始高程、开挖高度等指标如表 4-6 所示。

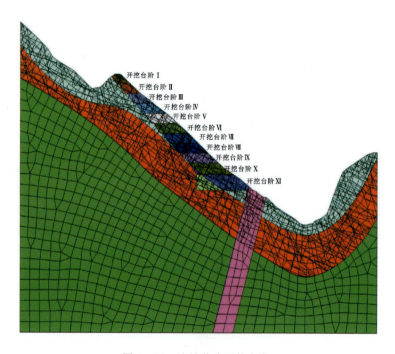

图 4-26 边坡分步开挖方案

表 4-6 分步开挖高程和高度等指标表

单位:m

开挖阶段	起始高程	底板高程	开挖高度
Ⅰ	2595	2580	15
Ⅱ	2580	2565	15
Ⅲ	2565	2550	15
Ⅳ	2550	2535	15
Ⅴ	2535	2520	15
Ⅵ	2520	2505	15

续表 4-6

开挖阶段	起始高程	底板高程	开挖高度
Ⅶ	2505	2490	15
Ⅷ	2490	2475	15
Ⅸ	2475	2460	15
Ⅹ	2460	2443	17
Ⅺ	2443	2420	23

4.7.2 天然工况

图 4-27 为完成上述 11 个阶段的开挖过程中,监测点的位移值随计算时步的变化曲线,图 4-28 为对应的每个开挖阶段的边坡变形场分布。计算结果显示:

(1)每一阶段的开挖,边坡自由变形总是能够收敛,说明在无支护开挖条件下,边坡总体是能够维持自身稳定的,其稳定系数大于 1。

(2)总体上,随着开挖的推进,边坡受扰动岩体的范围是逐渐增大的,边坡整体变形也越来越大,在完成最后一步开挖后,岩体变形最大值已经接近 1.5cm。

(3)前 10 个台阶的开挖中,由于无支护,变形主要以回弹变形为主(竖直方向位移向上,为正值,见图 4-27),但在完成最后一步开挖后,边坡开始发生反向变形,此时开挖将引起边坡发生斜向下的位移,说明最后一步台阶开挖对边坡整体变形有较大影响。

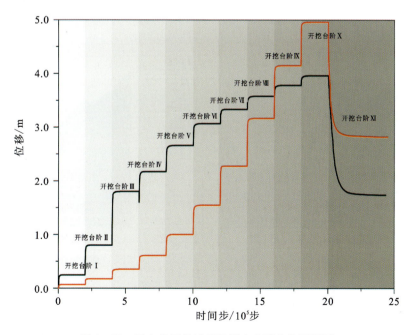

图 4-27 无支护开挖过程监测点变形变化历程图

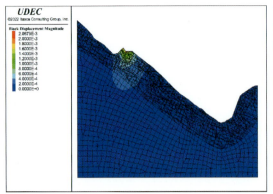
(a)开挖台阶Ⅰ

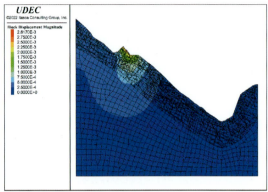
(b)开挖台阶Ⅱ

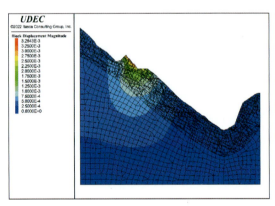
(c)开挖台阶Ⅲ

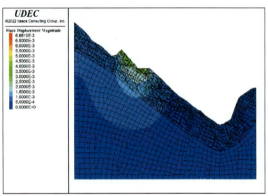
(d)开挖台阶Ⅳ

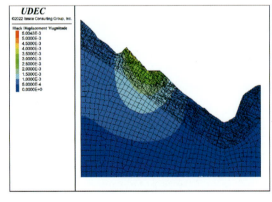
(e)开挖台阶Ⅴ

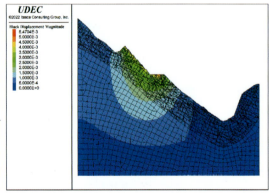
(f)开挖台阶Ⅵ

图 4-28　无支护开挖过程不同阶段变形场分布图

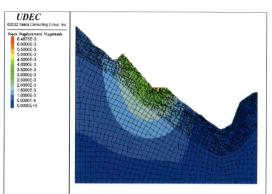

(g)开挖台阶Ⅶ

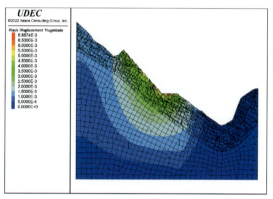

(i)开挖台阶Ⅸ

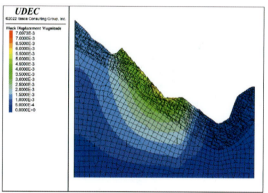

(j)开挖台阶Ⅹ

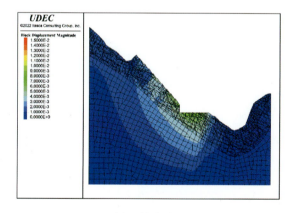

(k)开挖台阶Ⅺ

续图 4-28

根据前述分析,在无支护开挖条件下,边坡整体稳定性是大于1的。为了进一步了解该情况下的边坡稳定系数,同样采用强度折减法对无支护开挖后的边坡开展数值模拟。从图4-29可以看出,折减系数为1.04,边坡依然能够保持自身稳定(图4-30)。当$K_s=1.06$时,监测点处的位移不再收敛。因此可以判断,在无支护开挖条件下,边坡的稳定系数约为1.05。据《水电工程边坡设计规范》(NB/T 10512—2021)第4.0.5条,持久状况下枢纽工程区边坡稳定安全系数标准的要求,Ⅰ级边坡稳定安全系数要求为1.30～1.25,可见无支护开挖条件下,虽然边坡能够保持自身稳定,但边坡抗滑稳定性是不满足要求的,需要对边坡进行加固。

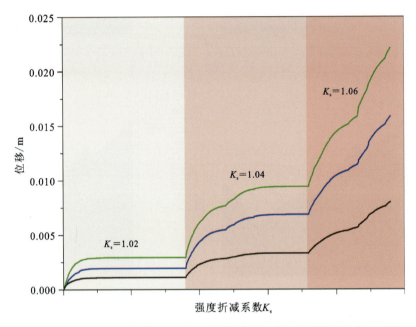

图4-29 无支护开挖条件下边坡监测点位移与强度折减系数的变化曲线图

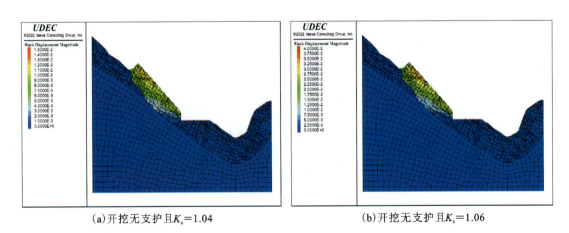

(a)开挖无支护且$K_s=1.04$ (b)开挖无支护且$K_s=1.06$

图4-30 无支护边坡在不同强度折减系数条件下的位移云图

第4章 基于离散元3DEC/UDEC的边坡卸荷岩体稳定性及支护结构安全性评价

从图4-31中可以发现,由于开挖挖除了边坡表层的强卸荷带岩体,此时边坡的破坏范围要比自然工况下的深度更大,发生变形的范围已经延伸至弱卸荷带。边坡最终破坏模式依然是受优势陡倾卸荷裂隙和外倾裂隙控制,发生的是台阶状滑移-拉裂破坏。

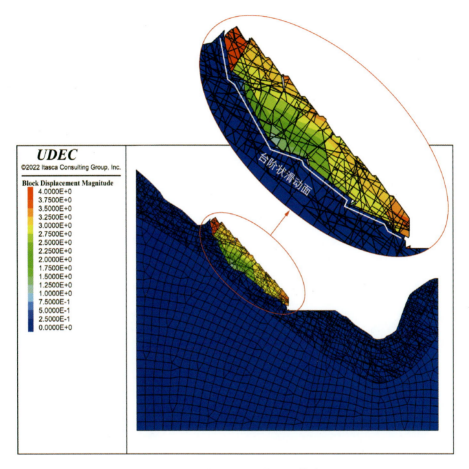

图4-31 无支护边坡最终破坏模式图

4.7.3 暴雨工况

本节用同样的方法,对开挖无支护边坡在暴雨工况下的稳定性和变形特征开展数值模拟。从图4-32中可以看出,在暴雨工况下,监测点处的位移不会收敛,说明开挖后无支护的边坡无法保持自身稳定。从图4-33可以看到,无支护条件下,边坡总体上在暴雨影响下可产生较大的变形,这一点从图4-33(b)中可以看出,其变形已经接近数米,并且由于该情况下位移是不收敛的,变形范围内的岩体将会发生整体性的垮塌。这一点反映出如受暴雨极端气候影响,边坡是无法保持稳定的,必须考虑施加一定的支护措施。

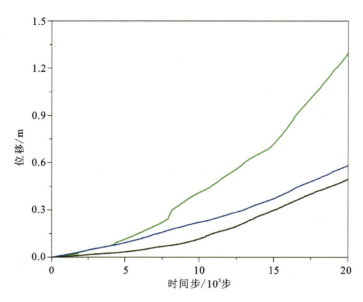

图 4-32 无支护边坡在暴雨工况下边坡监测点位移变化曲线图

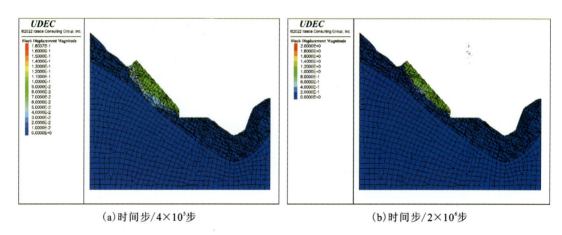

(a) 时间步/4×10⁵步　　　　　　　(b) 时间步/2×10⁶步

图 4-33　暴雨工况下无支护边坡在不同计算时步的变形云图

4.7.4　地震工况

本节采用与 4.5.3 节类似的拟静力法开展开挖无支护边坡在地震工况下的稳定性和变形特征数值研究。由图 4-34 可以发现，开挖后无支护的边坡在地震条件下无法维持自身稳定。从图 4-35(b)中可以看出，边坡在地震影响下可产生较大的变形，在计算 200 万步时，变形已经达到 2m 左右。这反映了开挖后的边坡如遭遇地震将无法保持稳定的状态。考虑该边坡为永久性边坡，必须采取一定的支护措施来提高其在地震条件下的稳定性，且要求稳定性系数满足规范要求。

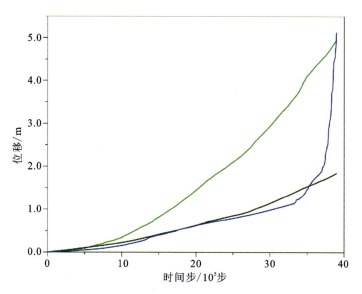

图 4-34　开挖无支护边坡在地震工况下的监测点位移变化曲线图

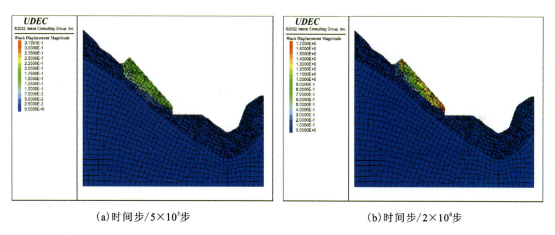

(a)时间步/5×10⁵步　　　　　　　　　(b)时间步/2×10⁶步

图 4-35　无支护边坡在地震工况下不同计算时步的变形云图

4.8　边坡开挖+支护条件下的变形及稳定性分析

4.8.1　支护方案及参数

结合实际边坡支护方案和 UDEC 软件中的结构单元,大体上可以将本研究边坡支护措施归为以下两类。

(1)挂网+喷射混凝土+框格梁护坡。实际边坡支护参数:边坡表面采用挂网+喷混凝土支护,框格梁护坡,以保护边坡岩体的开挖表面。初拟挂网与喷混参数:边坡系统喷 C30

混凝土,厚20cm,并布设钢筋网 $\varphi 8.0@20cm×20cm$,龙骨筋 $\varphi 12@200cm×200cm$,局部随机喷钢纤维混凝土,厚15cm。

在UDEC中,采用beam结构单元模拟上述支护措施,具体参数见表4-7。

表4-7 梁单元强度取值表

梁单元(beam)参数	取值
密度/(kg·m^{-3})	2500
泊松比	0.15
抗压屈强度/MPa	4
抗拉屈强度/MPa	2
杨氏模量/GPa	20
厚度/m	0.2
界面摩擦角/(°)	45
界面黏结强度/MPa	1
界面抗拉强度/MPa	0.1
界面法向刚度/GPa	20
界面剪切刚度/GPa	10

(2)系统支护与锚固。实际边坡支护参数:对边坡未挖除的强卸荷岩体采用系统的支护与锚固处理,采用锚杆+锚筋桩+预应力锚索相间布置,加强边坡岩体整体强度和稳定性,有效约束岩体变形。锚索长度应尽可能穿过强卸荷岩体,锚固在弱—无卸荷岩体内。初拟系统支护与锚固参数:①系统锚杆C25,L(锚杆长度)=6m,C28,L=9m,间隔布置,@2m×2m;②每级边坡上部设置2排锚筋桩3C28,L=12m,@4m;③每级边坡中部设置2排预应力锚索 T=150t,L=40m,@4m;④边坡开口线外边缘3m位置设置1排预应力锚索 T(预应力)=150t,L=40m,@4m;⑤马道边缘设置1锁口锚杆C28,L=9m,@1m。

在UDEC中,采用cable结构单元来模拟上述支护措施,具体参数见表4-8,边坡典型开挖支护示意图如图4-36所示。

表4-8 锚杆单元强度取值表(注:表中参数均已考虑间距影响)

锚杆参数	系统锚		锚筋桩	预应力锚索	锁口锚杆
型号、直径/mm	C25	C28	3C28	10φj15.24	C28
密度/(kg·m^{-3})	7500	7500	7500	7500	7500
抗压屈强度/GPa	10	10	10	10	10

续表 4-8

锚杆参数	系统锚		锚筋桩	预应力锚索	锁口锚杆
极限抗拉强度/kN	88	110	166	650	220
杨氏模量/GPa	49		25	25	98
黏结刚度/GPa	4.8	5.2	2.9	3.6	10
黏结强度/(kN·m^{-1})	39	44	38	33	88
间距/m	2.0		4.0	4.0	1.0
预应力/t	/		/	37.5	/

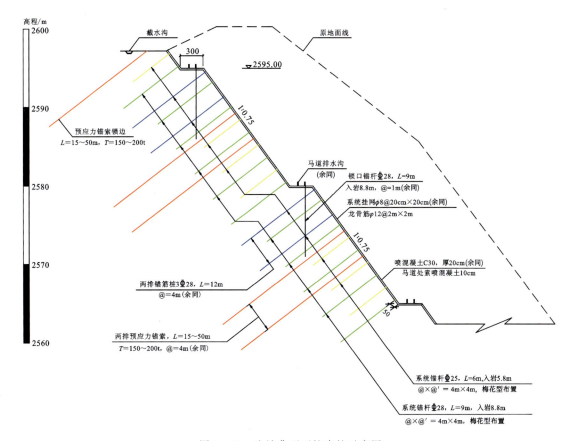

图 4-36 边坡典型开挖支护示意图

值得注意的是,本研究采用的是二维数值模型,实际上可以认为在厚度方向上的模型尺寸为 1m。而由于实际边坡支护中,锚索/锚杆的间距不一定等于 1m,具体到方案一的支护措施,部分锚杆间距为 2m,部分为 4m,因此其强度参数取值必须考虑间距的影响,最常用的方法就是对锚杆锚索的强度参数取值用实际值除以锚杆锚索间距。表 4-8 和表 4-9 中所列出的参数实际上已经考虑了间距的影响。

4.8.2 天然工况

图 4-37、图 4-38 为分步开挖并支护全过程的边坡变形结果。由图 4-38 可以发现，随着开挖过程的推进，边坡的变形逐渐加大。随着开挖的深入，受扰动的岩体范围越来越大。在整个开挖＋支护的过程中，边坡的变形量处于较低的水平，到最后一步开挖并完成支护后，边坡的最大变形不超过 1cm。这说明在本支护方案下，边坡整个开挖＋支护的施工全过程是安全的。需要注意的是，模拟结果揭示这个阶段边坡的变形以开挖回弹变形为主（即竖直方向的位移向上），最大变形发生在开挖台阶的表面。

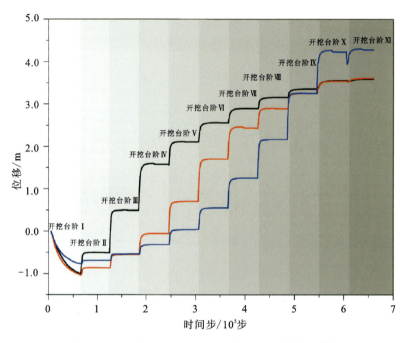

图 4-37　开挖＋支护过程中监测点变形变化历程图

图 4-39 为支护结构在天然工况下的坡坏情况。可以看出，支护完成后，格构梁单元全部没有发生破坏，只有靠近边坡支护底部的预应力锚索和锚杆存在少量单元受拉屈服。这表明支护方案至少在开挖阶段能够满足开挖支护安全的要求。

图 4-40 为支护结构在天然工况下的内力分布情况。由于本数值模拟采用的是二维分析，实际结构/构件的真实内力应当在图 4-40 的基础上乘实际设置的间距。以预应力锚索为例，由图 4-40 可以看出，预应力锚索自由段的拉力大小为 375kN，考虑实际支护中预应力锚索的间距为 4m，预应力锚索自由段的实际拉力大小应为 375kN/m×4m=1500kN。该值正好为设置的 150t 的拉力值，说明数值模拟得到的结构内力值是正确的。总体上，由图 4-40 可以发现，锚杆和格构梁的内力均较小，这与图 4-39 的单元屈服情况是吻合的，说明在天然工况下，该支护方案是可行有效的。

第 4 章 基于离散元 3DEC/UDEC 的边坡卸荷岩体稳定性及支护结构安全性评价

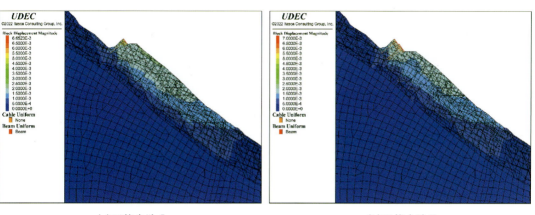

(a) 开挖台阶 Ⅰ 　　　　　　　　　　(b) 开挖台阶 Ⅱ

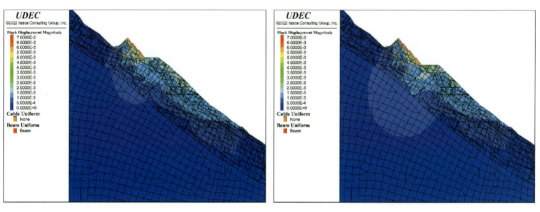

(c) 开挖台阶 Ⅲ 　　　　　　　　　　(d) 开挖台阶 Ⅳ

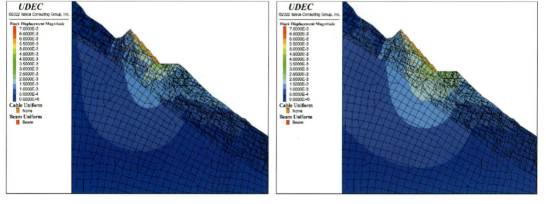

(e) 开挖台阶 Ⅴ 　　　　　　　　　　(f) 开挖台阶 Ⅵ

图 4-38　分步开挖并支护条件下边坡的位移云图变化情况图

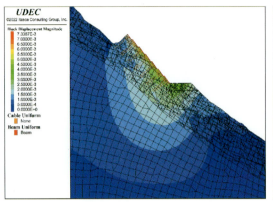
(g)开挖台阶Ⅶ

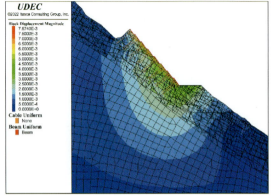
(h)开挖台阶Ⅷ

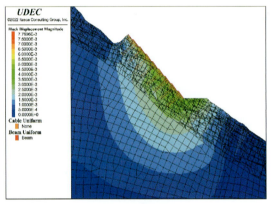
(i)开挖台阶Ⅸ

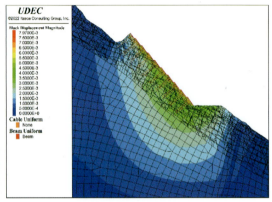
(j)开挖台阶Ⅹ

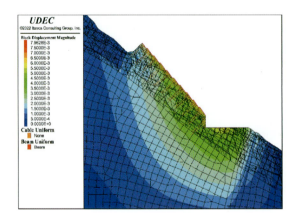
(k)开挖台阶Ⅺ

续图 4-38

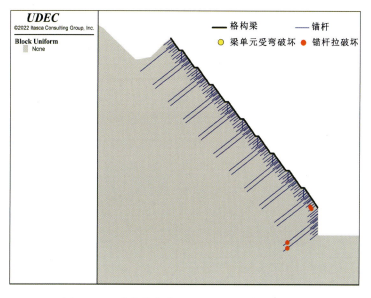

图4-39 支护结构在天然工况下的破坏情况图

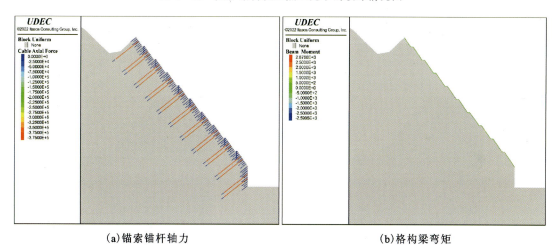

(a) 锚索锚杆轴力　　　　　　　(b) 格构梁弯矩

图4-40 天然工况下支护结构的内力分布情况图

注:本示意图为厚度方向尺寸为1m条件下的结构内力值,实际内力均应乘构件实际间距。

为了进一步了解本支护方案的安全冗余度,继续采用强度折减法对支护后的边坡各部分开展数值模拟研究。图4-41为天然工况下已支护边坡监测点位随强度折减系数的变化曲线。从图中可以发现,边坡开口线下部分开挖并支护后的边坡稳定系数约为1.38。对于边坡开口线上部分,边坡稳定系数为1.60。对比《水电工程边坡设计规范》(NB/T 10512—2021)第4.0.5条,各部分稳定系数大于1.30,均满足规范要求。

图4-42为天然工况下自然边坡在不同强度折减系数条件下的位移场云图。可以观察到的一个现象为河谷对岸的边坡变形始终大于进出水口处的边坡。说明通过本支护方案加固完边坡后,开挖处的岩体不再是该剖面整体稳定性的控制环节,这同样印证了加固方案是可行、有效的。

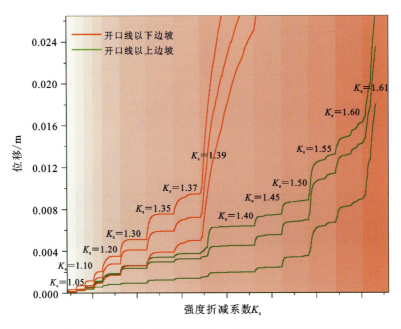

图4-41 天然工况下已支护边坡各部监测点位移随强度折减系数的变化曲线图

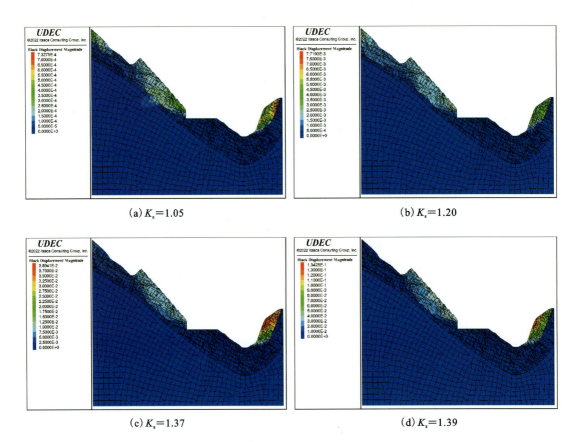

(a) $K_s=1.05$ (b) $K_s=1.20$

(c) $K_s=1.37$ (d) $K_s=1.39$

图4-42 天然工况下自然边坡在不同强度折减系数条件下的位移云图

第4章 基于离散元 3DEC/UDEC 的边坡卸荷岩体稳定性及支护结构安全性评价

通过对比可以发现,随着强度折减系数的增加,格构梁弯矩最大值从 $K_s=1.20$ 时的 1.25kN·m,增大到 $K_s=1.37$ 时的 10.3kN·m,再陡增至 $K_s=1.39$ 时的 17.4kN·m;对于预应力锚索,在 $K_s=1.20$ 增加到 $K_s=1.35$ 的过程中,其最大拉力基本不变(均等于初期施加的预应力值),随着 K_s 从 1.35 变化到 1.39,预应力锚索的拉力值迅速变化:从 375kN/m 迅速增长到 488.2kN/m(同样代表厚度方向每米对应的数值)(图 4-43)。以上两类结构单元的内力变化均说明,在边坡接近临界状态(对于本工况而言,即 $K_s=1.37\sim1.39$)时,支护结构的内力会迅速增大。这证明本方案的支护结构确实能够发挥出有效作用。

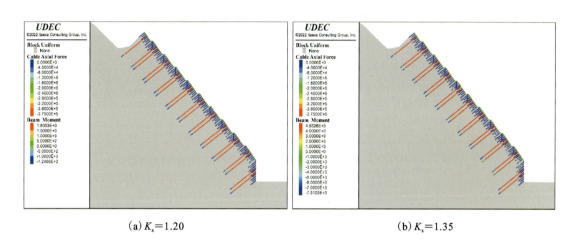

(a) $K_s=1.20$ (b) $K_s=1.35$

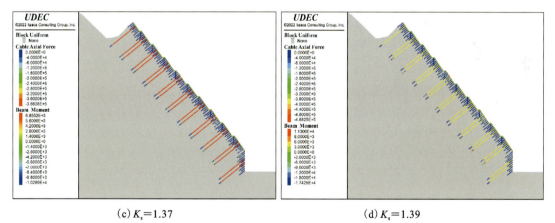

(c) $K_s=1.37$ (d) $K_s=1.39$

图 4-43 天然工况下,支护结构内力分布随强度折减系数的变化过程图
注:本示意图为厚度方向尺寸为 1m 条件下的结构内力值,实际内力均应乘构件实际间距。

从图 4-44 可以看出,在 $K_s=1.37$ 之前,发生屈服的结构单元总体数量较少:格构单元全部完好,23 个锚杆单元受拉屈服。边坡进入破坏阶段后($K_s=1.39$),9 处格构单元发生了弯曲屈服,86 个锚杆单元受拉屈服。相比于 $K_s=1.37$ 时,$K_s=1.39$ 后无论是格构梁单元还是锚杆单元,均出现了大范围的单元破坏现象,说明此时支护结构整体上开始失效。此外,从图 4-44 中还可以发现,格构梁和锚杆破坏/屈服点大多出现在边坡中下部,这一点也是符合常理的,因为边坡破坏往往从中下部剪出,在这一过程中边坡中下部的支护结构承担的荷载自然也就最大。以上分析表明,总体上边坡临界状态前后,支护结构单元屈服破坏情况也对应发生突变,这与前述结构单元内力结果是吻合的。

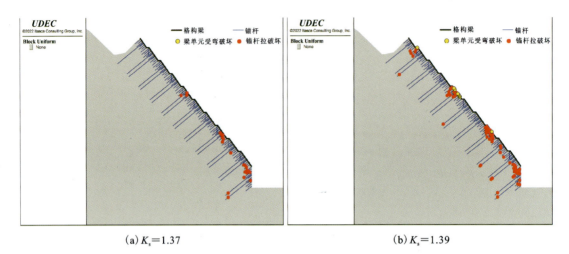

图 4-44　天然工况下不同强度折减系数条件下的结构单元破坏情况图

4.8.3　暴雨工况

采用同样的方法,开展暴雨工况下边坡开挖支护后的稳定性与边坡变形特征数值模拟。图 4-45 和图 4-46 为边坡在暴雨工况下的变形情况。可以看出,在暴雨工况下,边坡会有一定的变形增长,但总体变形不大。整体上,变形最大值发生在河谷对岸斜坡上,对比 4.7.3 节无支护开挖情况的模拟结果,可以看出当前支护结构可有效阻止边坡在暴雨工况下的变形发展,证明支护结构是可以有效发挥作用的。

图 4-47 为遭遇暴雨时支护结构的屈服破坏情况。对比图 4-39 的结果(天然工况)可以发现,支护结构的屈服破坏情况基本保持不变。这说明极端暴雨工况不会引起支护结构单元的破坏,也说明了本支护方案的有效性。

为了了解支护结构在暴雨工况下的安全冗余度,采用强度折减法开展进一步的数值模拟计算。从图 4-48 可以看出,在暴雨工况下,对于边坡的开挖支护部分,当 K_s 达到 1.25 后,监测点处的变形不再收敛。说明在折减系数为 1.25 时,该部分边坡开始进入破坏阶段,稳定性系数约为 1.24。在边坡开口线外部分,当强度折减系数 $K_s \leqslant 1.45$ 时,监测点处的位移可以收敛,当 K_s 达到 1.46 时,边坡位移不再收敛,可知该部分边坡稳定系数为 1.45。对比《水电工程边坡设计规范》(NB/T 10512—2021)第 4.0.5 条,暴雨属短暂状况,安全系数要求为 1.20~1.15,可见边坡开口线上、下部分均满足规范要求。

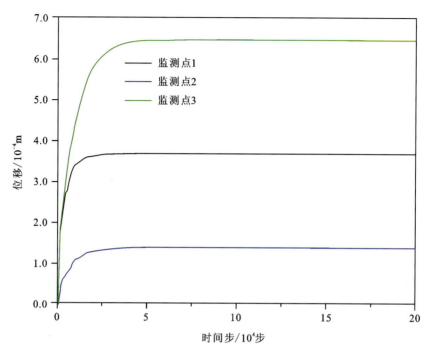

图 4-45 支护边坡在暴雨工况下的边坡变形监测点时程曲线图

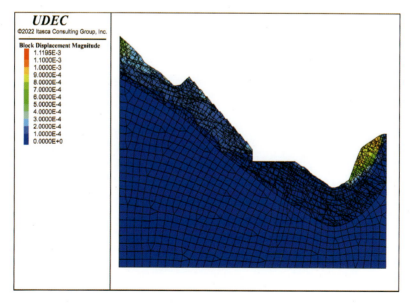

图 4-46 支护后边坡在暴雨工况下的边坡变形场图

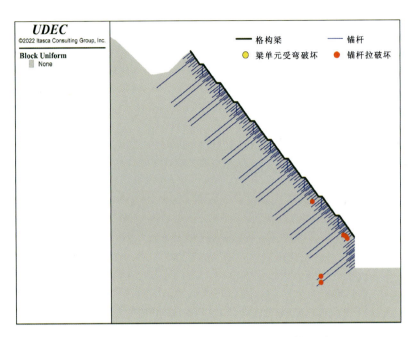

图 4-47　支护结构在暴雨工况下的破坏情况图

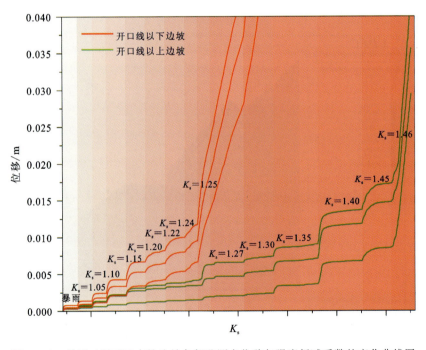

图 4-48　暴雨工况下已支护边坡各部监测点位移与强度折减系数的变化曲线图

需要注意的是,由于采用的强度折减法是对建模范围内的所有岩体强度参数进行折减,其他部位的岩体也可能发生大变形,结果如图 4-49 所示。可以看出,在折减系数较小时,开挖后的边坡和对岸斜坡均发生同等的变形。随着折减系数的加大,对岸斜坡的变形增长速率明显加大,而开挖后的边坡由于受到支护结构的支撑作用,其变形发展受到了约束,变形速率降低,变形也趋于收敛。因此,对进出水口边坡加固后,在极端情况下更容易发生破坏的岩体位于河谷对岸。

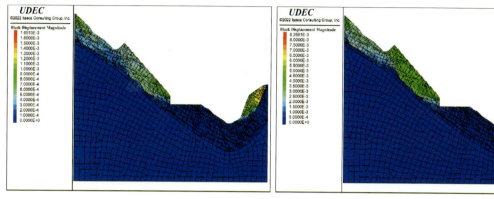

(a)暴雨　　　　　　　　　　　　(b)暴雨且$K_s=1.15$

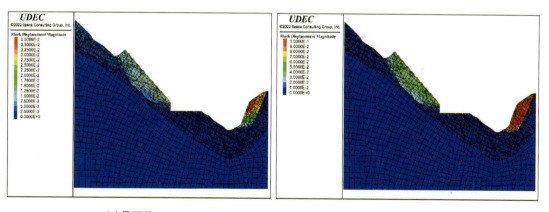

(c)暴雨且$K_s=1.24$　　　　　　　　　　　　(d)暴雨且$K_s=1.25$

图 4-49　暴雨工况下支护后的边坡在不同强度折减系数条件下的位移云图

通过对比可以发现,随着强度折减系数的增加,格构梁弯矩值缓慢增大,弯矩最大值从 $K_s=1.05$ 时的 1.6kN·m,增大到 $K_s=1.24$ 时的 5.3kN·m;而对预应力锚索,在 $K_s=1.05$ 增加到 $K_s=1.22$ 的过程中,其最大拉力基本不变(均等于初期施加的预应力值),随着 K_s 从 1.22 变化到 1.25,预应力锚索的拉力值迅速变化:从 375kN/m 迅速增长到 488.2kN/m(同样代表厚度方向每米对应的数值)(图 4-50)。这表明在边坡变形的过程中,支护结构发挥了作用。

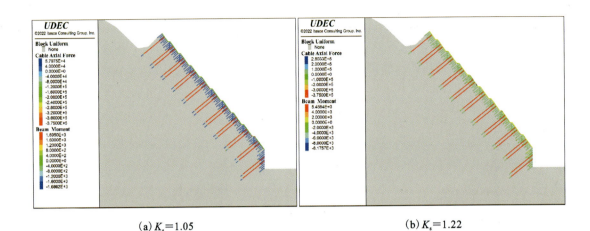

(a) $K_s=1.05$ (b) $K_s=1.22$

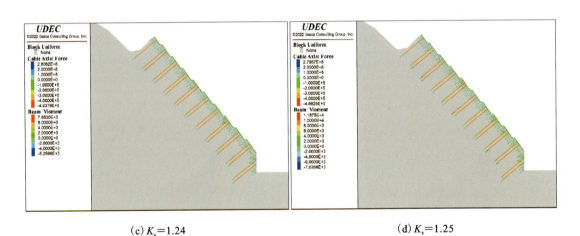

(c) $K_s=1.24$ (d) $K_s=1.25$

图 4-50　暴雨工况下，支护结构内力分布随强度折减系数的变化过程图

注：本示意图为厚度方向尺寸为 1m 条件下的结构内力值，实际内力均应乘构件实际间距。

图 4-51 反映的是暴雨工况下边坡支护结构单元破坏数量随强度折减系数的变化情况。总体上看，暴雨工况下，支护结构单元的破坏数量是一个缓慢递增的过程，这与天然工况是不同的（在天然工况下，临界状态前后，单元破坏的数量是陡变的，见 4.8.2 节）。可以看出，在临界状态（$K_s=1.24$）前，此时发生破坏的结构单元数量较少，多数结构单元依然受力完好，仅有一个格构单元进入塑性状态，20 个锚杆单元受拉屈服。这说明支护结构在这一情况下依然能够正常服役；当 $K_s=1.25$ 后，发生破坏的单元明显增多。与天然工况接近，从图 4-51 中也可以看出，格构梁和锚杆破坏/屈服点大多出现在边坡中下部，这是因为边坡破坏时，剪出口在中下部，该位置承受的荷载也就最大。

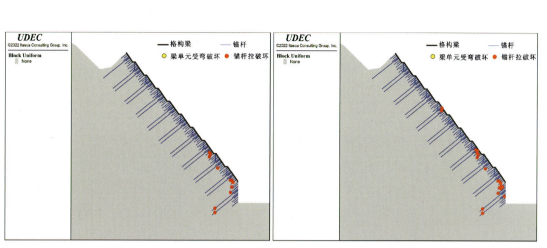

(a) $K_s=1.15$ (b) $K_s=1.20$

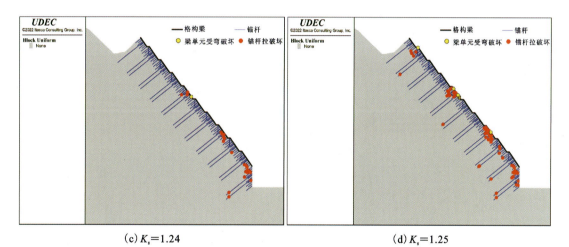

(c) $K_s=1.24$ (d) $K_s=1.25$

图 4-51 暴雨工况下边坡支护结构单元破坏数量随强度折减系数的变化情况图

4.8.4 地震工况

为了探究支护结构在地震作用下的受力状态和边坡变形特征,采用与前述同样的方法,开展地震条件下的数值模拟研究。可以看出,地震作用将使边坡产生附加变形。监测数据表明,地震作用引起的边坡变形不会持续增加,在到达一定值后会趋于收敛(图 4-52)。此外,上述变形总体上位于可控范围内(毫米级别)。与未支护条件相比,本支护结构能够保证在遭遇设计地震级别的地震时,开挖后的边坡不发生大的破坏变形(图 4-53)。

图 4-54 为遭遇地震时支护结构的屈服破坏情况。对比图 4-39 的结果(天然工况)可以发现,支护结构的屈服破坏没有发生变化。这说明地震工况不会引起支护结构单元产生新的屈服或破坏,在遭遇设计地震级别的地震作用后,支护结构能够保证完好,不需更换或维修,仍然可继续对边坡启动良好的支撑防护作用。这也说明了本支护方案的有效性。

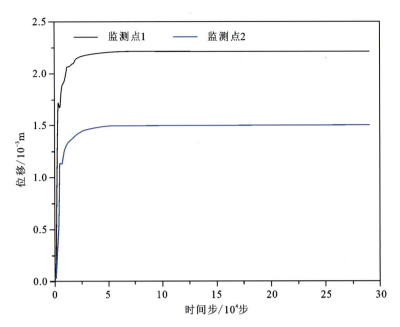

图 4-52 开挖支护后地震工况下的边坡变形监测点时程曲线图

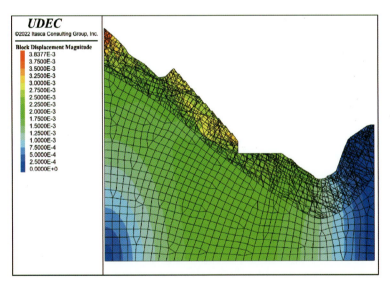

图 4-53 地震工况下，开挖支护后的边坡变形场图

同样，为了了解支护结构在地震工况下的安全冗余度，采用强度折减法开展进一步的数值模拟计算。从图 4-55 可以看出，在边坡支护开挖部分，当 K_s 达到 1.19 后，监测点处的位移迅速增长，且不再收敛，说明此时的支护结构也已经开始进入屈服阶段。结合图 4-56 边坡位移场模拟可以发现，在 $K_s > 1.19$ 之后，边坡的变形越来越集中于开挖后的坡表，表明此后支护结构开始发挥出支撑作用。综合上述分析可以判断，在地震工况下，边坡整体上稳定性系数约为 1.18。在开口线上部分，当 $K_s > 1.56$ 时，监测点处位移不再收敛，可知该部分的

第4章 基于离散元 3DEC/UDEC 的边坡卸荷岩体稳定性及支护结构安全性评价

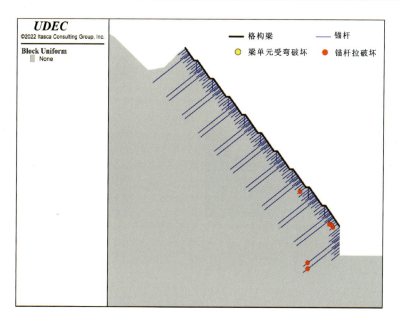

图 4-54 支护结构在地震工况下的破坏情况图

稳定系数为 1.56。对比《水电工程边坡设计规范》(NB/T 10512—2021) 第 4.0.5 条,地震属偶然状况,稳定系数要求为 1.05～1.10,可见满足规范要求。

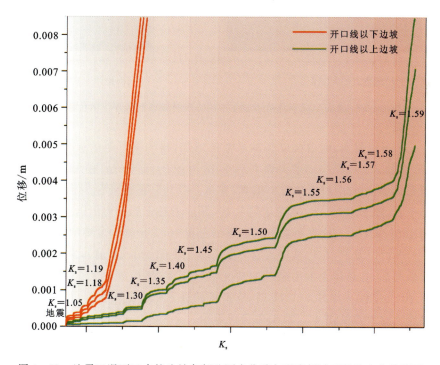

图 4-55 地震工况下已支护边坡各部监测点位移与强度折减系数的变化曲线图

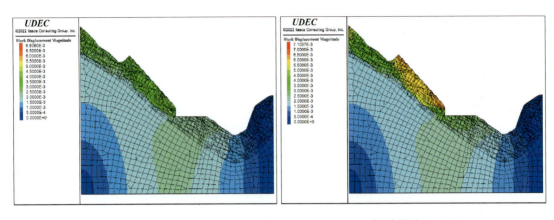

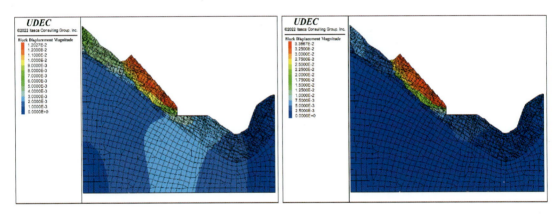

图 4-56　地震工况下自然边坡在不同强度折减系数条件下的位移云图

由图 4-57 可以发现,随着强度折减系数的增加,格构梁弯矩值缓慢增大,弯矩最大值从 $K_s=1.05$ 时的 $3.05\text{kN}\cdot\text{m}$,增大到 $K_s=1.18$ 时的 $3.5\text{kN}\cdot\text{m}$,进入临界状态后,弯矩值迅速增加到 $8.7\text{kN}\cdot\text{m}$;而对于预应力锚索,在 $K_s=1.05$ 增加到 $K_s=1.18$ 的过程中,其最大拉力基本不变,随着 K_s 从 1.18 变化到 1.19,预应力锚索的拉力值迅速变化:从 375kN/m 迅速增长到 488.2kN/m。这表明在边坡变形的过程中,支护结构发挥了作用。

从图 4-58 可以发现,在边坡进入临界状态前(即 $K_s=1.18$ 前),发生屈服的支护结构单元数量缓慢增加,且总体上发生破坏的单元数量不多,格构梁单元全部完好;发生屈服的锚杆单元有 20 个左右。当 $K_s=1.19$ 时,支护开始进入屈服破坏阶段,并且发生屈服的单元数量增加迅速。这一点从图 4-58(d)中可以看出。

第4章 基于离散元3DEC/UDEC的边坡卸荷岩体稳定性及支护结构安全性评价

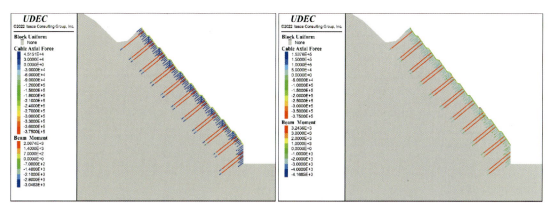

(a) 地震且K_s=1.05　　　　　　　　　　　(b) 地震且K_s=1.18

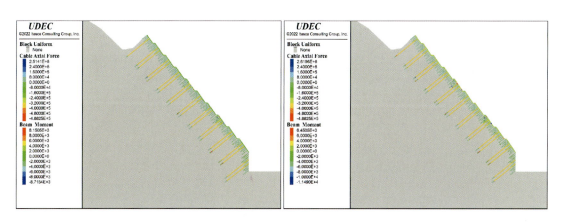

(c) 地震且K_s=1.19　　　　　　　　　　　(d) 地震且K_s=1.20

图 4-57　地震工况下支护结构内力分布随强度折减系数的变化过程图

注：本示意图为厚度方向尺寸为1m条件下的结构内力值，实际内力均应乘构件实际间距。

对比非地震工况下的模拟结果可以发现，在地震作用下发生失效的单元位置遍布整个支护结构全身（非地震工况主要聚集在边坡中下部）。分析原因如下：在边坡中下部，由于边坡滑体在这一部位剪出，这些部位往往承受较大的荷载，因此这些部位的结构单元更易发生屈服破坏；位于边坡中上部的单元，由于位置较高，地震作用鞭梢效应明显，因此结构单元在这些部位也承受较大荷载，也更易发生破坏。另外一个现象是，相比于其他荷载工况，地震工况下锚杆单元端部发生屈服破坏的比例明显提高[图4-58(d)]。这提示在工程设计施工中，一定要加强锚杆固定端处，确保锚杆端头具备足够的强度，保证整个支护结构能够在遭遇地震时有效发挥作用。

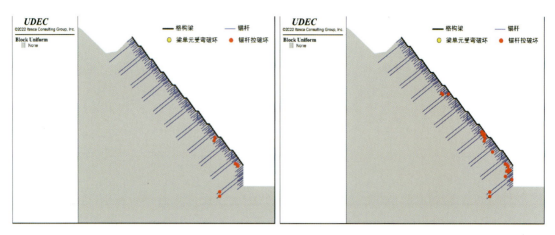

(a) 地震且$K_s=1.05$ (b) 地震且$K_s=1.18$

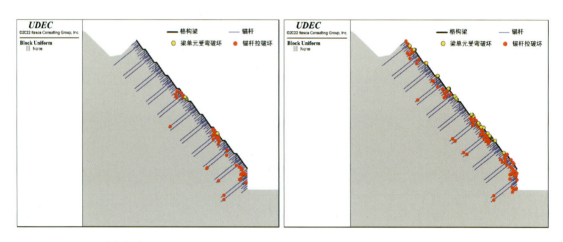

(c) 地震且$K_s=1.19$ (d) 地震且$K_s=1.20$

图 4-58 地震工况下不同折减系数条件下的结构单元破坏情况图

4.9　边坡开挖+支护条件下进出水口处横剖面稳定性分析

前文内容对进出水口边坡纵向剖面稳定性进行了分析，同样，为了解边坡开挖加固后进出水口附近横向剖面的稳定状况，取图 4-59 剖面 S12 位置进行数值分析。图 4-60(a)为进出水口两侧边坡的剖面 UDEC 模型，该模型方向与进出水口隧洞方向垂直，长度为350m，竖向高程 2280～2496m，最大高差 216m。图 4-60(b)为开挖并支护后的边坡模型。

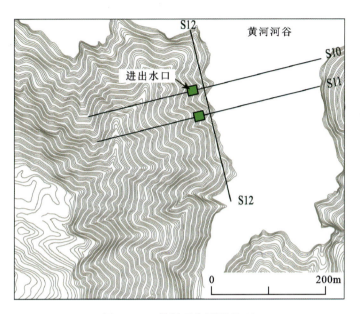

图 4-59 横剖面位置图（S12）

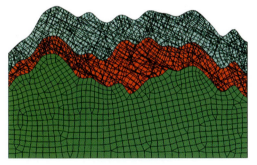

(a)离散元模型图

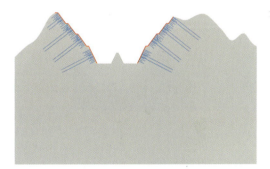

(b)锚杆等加固构件示意图

图 4-60 横剖面数值模型图

4.9.1 天然工况

从图 4-61 可以看出，在强度折减系数为 2.16 前，监测点位移是收敛的；在强度折减系数增加至 2.18 后，变形开始不再收敛。这说明该工况下支护后边坡稳定性系数约为 2.17。《水利水电工程边坡设计规范》（SL 386—2016）要求天然工况下边坡稳定性系数为 1.30～1.25，可见天然工况下支护后边坡稳定性系数满足规范要求。

从图 4-62 可以观察到，在天然工况下，最终为进出水口左侧边坡发生破坏，在强度折减系数小于 2.18 时，左侧边坡的位移变化幅度较小，当强度折减系数达到 2.18 时，边坡位移的增幅明显增大，总体上看，支护后的边坡位移不大，稳定系数较高。

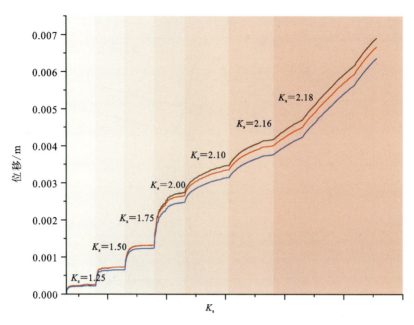

图4-61 天然工况下边坡监测点位移与强度折减系数的变化曲线图

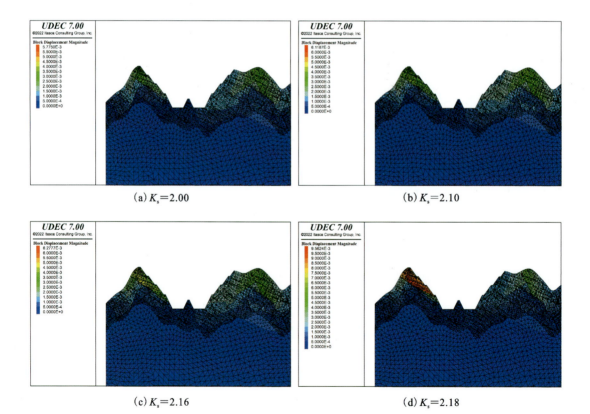

图4-62 天然工况下边坡在不同强度折减系数条件下的位移云图

4.9.2 暴雨工况

从图 4-63 中可以看出,该工况下支护后边坡的稳定性系数约为 1.96。《水利水电工程边坡设计规范》(SL 386—2016)要求暴雨工况下边坡稳定性系数为 1.25～1.20,可见暴雨工况下支护后进出水口两侧的边坡稳定性系数满足规范要求。

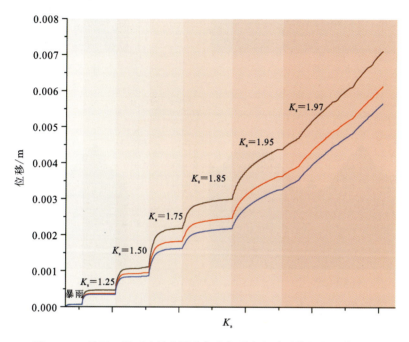

图 4-63　暴雨工况下边坡监测点位移与强度折减系数的变化曲线图

暴雨工况下进出水口左侧边坡最终破坏。由图 4-64 可以发现,在强度折减系数小于 1.97 时,左侧边坡的位移变化幅度不大,当强度折减系数达到 1.97 时,边坡进入不稳定阶段,变形幅度显著增加。

4.9.3 暴雨工况

从图 4-65 中可以看出,在强度折减系数为 1.90 前,监测点位移是收敛的;在强度折减系数增加至 1.92 后,变形开始不再收敛。说明该工况下支护后边坡的稳定性系数约为 1.91。《水利水电工程边坡设计规范》(SL 386—2016)要求地震工况下边坡稳定性系数为 1.15～1.10,可见地震工况下支护后进出水口两侧边坡稳定性满足规范要求。

地震工况下最终破坏的仍为左侧边坡,从图 4-66 中可以看到,在强度折减系数小于 1.92 时,边坡的位移变化幅度不大,当强度折减系数达到 1.92 时,边坡变形以较大幅度增加,与前两者情况相比较,地震工况下边坡变形更大,但稳定性系数仍然较大,说明支护后的边坡稳定性好。

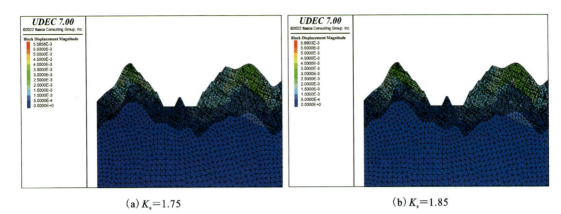

(a) $K_s=1.75$　　　(b) $K_s=1.85$

(c) $K_s=1.95$　　　(d) $K_s=1.97$

图 4-64　暴雨工况下边坡在不同强度折减系数条件下的位移云图

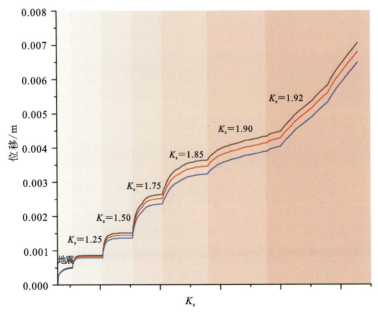

图 4-65　地震工况下边坡监测点位移与强度折减系数的变化曲线图

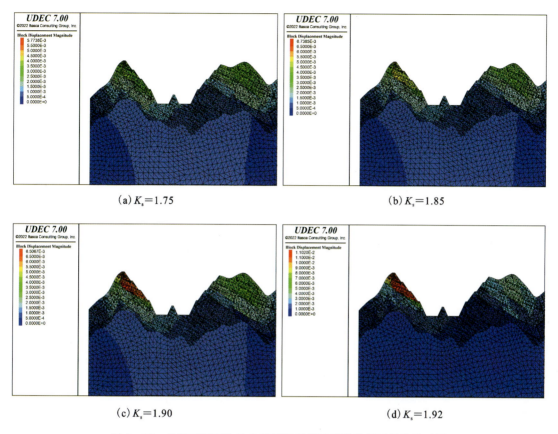

图 4-66　地震工况下边坡在不同强度折减系数条件下的位移云图

4.10　本章小结

本章利用离散元数值方法开展了方案一进出水口边坡在各种工况下的稳定性和变形破坏定性分析和数值模拟研究。主要结论如下：

（1）通过定性分析可知，坡体发育的主要 3 组结构面将岩体切割成块体，其中一组倾向坡外的缓倾角结构面对边坡稳定性影响较大，边坡破碎岩体易沿该组外倾结构面发生滑移破坏。

（2）边坡稳定性受卸荷裂隙和顺坡向缓倾裂隙两组结构面控制，最可能发生的破坏模式为滑移-拉裂破坏，破坏面由两组结构面贯通而成，呈台阶状。

（3）得到了各工况下的边坡稳定性系数（见表 4-9～表 4-11）。需要注意的是，开挖线以外边坡在暴雨工况下稳定性系数略小于规范规定值，建议工程中适当采取支护措施对开挖线以外边坡进行支护。进出水口的开挖边坡经过加固后，出水口边坡可能不再是最薄弱环节，采用强度折减法对整个边坡进行强度折减的过程中，可能使其他部位的岩体发生破坏。

（4）总体上，当前的开挖支护方案是有效的，满足规范对边坡稳定性系数的要求。

表 4-9 数值模拟计算得到的开口线以外边坡稳定性系数汇总表

计算工况	稳定性系数
天然工况	1.32(1.30～1.25)
暴雨工况	1.19(1.25～1.20)
地震工况	1.18(1.15～1.10)

注：括号中为《水电工程边坡设计规范》(NB/T 10512—2021)对边坡稳定性系数的最低要求，下同。

表 4-10 研究区进出水口的边坡稳定性系数汇总表

计算条件	天然工况	暴雨工况	地震工况
自然边坡	1.16(1.30～1.25)	1.06(1.20～1.15)	1.05(1.10～1.05)
无支护开挖	1.06(1.30～1.25)	0.95(1.20～1.15)	0.85(1.10～1.05)
支护开挖	1.37(1.30～1.25)	1.24(1.20～1.15)	1.18(1.10～1.05)

表 4-11 边坡加固后进出水口处横向剖面稳定性系数汇总表

计算工况	稳定性系数
天然工况	2.17(1.30～1.25)
暴雨工况	1.96(1.25～1.20)
地震工况	1.91(1.15～1.10)

参考文献

顾东明,高学成,仇文岗,等,2020.三峡库区反倾岩质边坡时效破坏演化模拟研究[J].岩土力学,41(S2):1-10.

蒋中明,李双龙,冯树荣,等,2017.向家坝水电站左岸近坝边坡抬升变形数值模拟[J].水利水电科技进展,38(4):64-69+94.

金磊,曾亚武,程涛,等,2020.土石混合体边坡稳定性的三维颗粒离散元分析[J].哈尔滨工业大学学报,52(2):10.

巨能攀,赵建军,黄润秋,等,2010.西南大渡河某水电站溢洪道陡槽段雾化边坡稳定性分析[J].工程地质学报,18(3):425-430.

刘祚秋,周翠英,董立国,等,2005.边坡稳定及加固分析的有限元强度折减法[J].岩土力学,26(4):4.

马建勋,赖志生,蔡庆娥,等,2004.基于强度折减法的边坡稳定性三维有限元分析[J].岩石力学与工程学报,23(16):2690.

张管宏,任永强,史斯文,2020.基于离散元算法的某岩质边坡稳定性模拟分析[C]//第十二届全国边坡工程技术大会论文集.贵阳:中国电建集团贵阳勘测设计研究院有限公司.

周剑,张路青,2022.基于间接边界元方法的 SH 波倾斜入射下边坡动力响应特征[J].地球科学,47(12):4350-4361.

CUNDALL P A,1987. Distinct element models of rock and soil structure[J]. Anal. Comput. Meth. Eng. Rock Mech(4):129-163.

ZIEKIEWICZ O C,HUMPHESON C,LEWIS R W,1975. Associated and nonassociated visco-plasticity in soil mechanics[J]. Géotechnique,25(4):689-691.

第 5 章 工程区边坡危岩体等不良地质体稳定性及工程防护措施研究

5.1 边坡危岩体调查与稳定性评价

工程区内基岩主要为印支期侵入的花岗闪长斑岩($\gamma\delta\pi_5^1$),下三叠统(T_1)砂板岩、灰岩,上三叠统(T_3)火山岩、火山碎屑岩,上新统贵德组(N_2Gd^4)泥岩夹砂岩。覆盖层主要为第四系下更新统(Qp_1)的冲积粉质黏土层、冲积砂卵砾石层和粉土层,上更新统(Qp_3)风积粉土层,全新统(Qh)冲洪积层、崩坡积层、泥石流堆积层及耕植土层。

如图 5-1 所示,本研究方案一进出水口边坡被崩坡积块石层(Qh^{col+dl})所覆盖。该覆盖层由碎石、块石组成,局部充填砂土,以块石为主,直径一般 0.5~2m,棱角一次棱角状,弱风化状。在降雨及地震作用上,坡表堆积的块石极易失稳,产生局部的崩塌落石灾害,威胁进出水口的安全,可见有必要对进、出水库边坡的危岩体、孤石、危石群等开展详细的调查。

图 5-1 3-7 号干沟两侧山脊坡表特征图

第 5 章　工程区边坡危岩体等不良地质体稳定性及工程防护措施研究

近年来,三维激光扫描技术得到快速发展,该技术可以快速准确获得边坡的真实几何形貌,并有效克服无人机摄影测量技术的图像畸变问题,准确获取复杂边坡局部精细的几何形貌(Ge et al.,2023)。如图 5-2 所示,本次野外勘察采用的三维激光扫描仪工作范围为 2km,最大扫描精度可达 3mm。结合 RTK 的多点精确定位数据,通过对三维激光扫描数据进行处理还可以得到丰富的产状信息。

图 5-2　方案一边坡三维激光扫描作业图

如图 5-3 所示,基于三维激光扫描获取的海量点云数据,通过建模软件后处理得到方案一边坡精细三维几何模型。通过对该边坡模型的观察与分析,根据具体的微地貌形态、临空条件等,识别出 7 个危石群,主要分布在 3-6 号、3-7 号和 3-8 号干沟的山脊上。

如图 5-3 所示,危石群 W1、W2、W3、W4、W6 和 W7 均对进出水口构成威胁。每组危石群的具体分布、规模、描述等如表 5-1 所示。该 6 处危石群在暴雨及地震条件下,局部可能发生向临空面方向的滑移崩塌。

采用三维激光扫描仪针对边坡局部崩塌落石进行高精度扫描,获取点云数据,建立崩塌落石的三维精细数值模型,如图 5-4 所示。基于图 5-4 中的三维几何模型,采用 Geometric 几何分析软件统计落石的粒径,统计得到的粒径数据如表 5-2 所示。计算得到落石块体长度平均值为 0.98m,标准差为 0.59m。该统计分析结果与预可研阶段的踏勘结果基本一致。该数据用于后文落石运动轨迹及危害性的模拟分析。

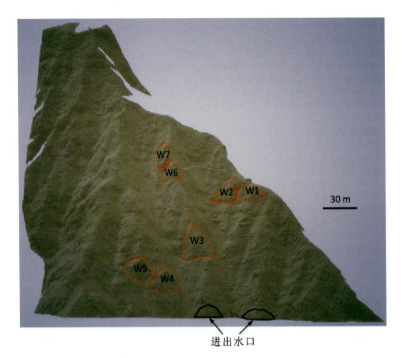

图 5-3 基于三维激光扫描数据建立的方案一边坡三维精细模型图

表 5-1 危石群的统计及描述表

编号	分类	工程位置	潜在失稳体积/m³	规模分类	描述	破坏模式	稳定性	危害对象	危害等级
W1	危石群	3-7号干沟北侧	570	中型	3-7号干沟与3-8号干沟山脊顶部,中心高程2559m,沟坡平均坡度35°～43°,坡面植被不发育。浅表层岩体松弛破碎,岩块接触面充填大量含泥砂土	局部滑移崩塌	稳定性差,局部可能向临空面滑移破坏	方案一下水库进出水口	I
W2	危石群	3-7号干沟北侧	679	中型	3-7号干沟与3-8号干沟山脊,中心高程2561m,沟坡平均坡度35°～43°,坡面植被不发育。浅表层岩体松弛破碎,岩块接触面充填大量含泥砂土	局部滑移崩塌	稳定性差,局部可能向临空面滑移破坏	方案一下水库进出水口	I

续表 5-1

编号	分类	工程位置	潜在失稳体积/m³	规模分类	描述	破坏模式	稳定性	危害对象	危害等级
W3	危石群	3-6号干沟北侧	1521	大型	3-6号干沟与3-7号干沟间山脊中部偏下,中心高程2509m,沟坡平均坡度35°～43°。坡面植被不发育。浅表层岩体松弛破碎,岩块接触面充填大量含泥砂土	局部滑移崩塌	稳定性差,局部可能向临空面滑移破坏	方案一下水库进出水口	I
W4	危石群	3-6号干沟南侧	1131	大型	中心高程2484m,沟坡平均坡度35°～43°,坡面植被不发育。浅表层岩体松弛破碎,岩块接触面充填大量含泥砂土	局部滑移崩塌	稳定性差,局部可能向临空面滑移破坏	方案一下水库进出水口	I
W5	危石群	3-6号干沟南侧	905	中型	中心高程2491m,沟坡平均坡度35°～43°,坡面植被不发育。浅表层岩体松弛破碎,岩块接触面充填大量含泥砂土	局部滑移崩塌	稳定性差,局部可能向临空面滑移破坏	无	无
W6	危石群	3-6号干沟北侧	794	中型	3-6号干沟与3-7号干沟间山脊中部偏上,中心高程2573m,沟坡平均坡度35°～43°。坡面植被不发育。浅表层岩体松弛破碎,岩块接触面充填大量含泥砂土	局部滑移崩塌	稳定性差,局部可能向临空面滑移破坏	方案一下水库进出水口	I
W7	危石群	3-6号干沟北侧	776	中型	3-6号干沟与3-7号干沟间山脊中部偏上,中心高程2586m,沟坡平均坡度35°～43°。坡面植被不发育。浅表层岩体松弛破碎,岩块接触面充填大量含泥砂土	局部滑移崩塌	稳定性差,局部可能向临空面滑移破坏	方案一下水库进出水口	I

图 5-4　基于三维激光扫描数据建立的落石几何模型图

表 5-2　基于三维激光扫描数据统计得到的落石粒径表

1.8m	2.8m	2.2m	1.7m	1.4m	0.6m	0.6m	1.2m	0.5m	0.5m
1.6m	1.0m	0.6m	1.5m	0.6m	1.0m	0.7m	0.8m	1.4m	0.7m
0.6m	0.3m	0.7m	1.0m	1.1m	0.7m	0.5m	0.6m	0.3m	0.4m

5.2　落石轨迹分析基本原理

落石运动轨迹预测是边坡落石灾害问题研究的一个重要内容,是确定落石弹跳高度和灾害威胁范围的主要途径,也是开展落石防护设计的依据。数值分析方法是开展落石运动轨迹研究的主要方法之一(Guzzetti et al., 2002)。

落石在边坡上的运动状态受落石自身特征(如大小、形状及强度)、边坡条件(如坡度、坡高、坡面起伏度及坡面物质条件)、落石运动情况(如速度大小、速度方向与入射角大小)等多方面因素影响,其运动状态主要有坠落或抛射、弹跳、滚动和滑动等(向欣,2010)。

5.2.1　坠落或抛射

落石从原来的静止状态至发生失稳到最后停止运动的过程可以概化为如图 5-5 所示。不同阶段落石的运动状态不同,在落石失稳启动阶段,其启动模式可能为坠落、倾倒或滑移,唐红梅(2011)等分析了不同启动模式落石脱离原坡面岩体的初速度,本节则在此基础上重点分析不同破坏模式下落石失稳运动后与坡面第一次接触碰撞时的碰撞入射速度。

如图 5-6 所示,设落石脱离原坡面岩体时坐标为(x_0, y_0),速度为v_0,速度方向与水平

方向的夹角为 θ_0,速度在水平方向和竖直方向的分量分别为 v_{0x}、v_{0y},在平行坡面和垂直坡面方向的分量分别为 v_{0t}、v_{0n};发生碰撞的坡面段坡面倾角为 α_i,碰撞前落石的速度为 v_i,速度在水平方向和竖直方向的分量分别为 v_{ix}、v_{iy},在平行坡面和垂直坡面方向的分量分别为 v_{it}、v_{in},速度 v_i 与水平方向的夹角为 θ_i。

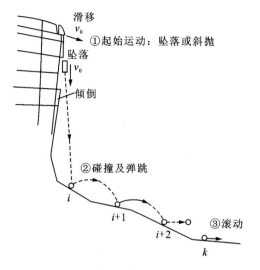

图 5-5 落石失稳运动过程图

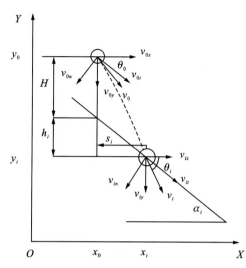

图 5-6 落石启动到与坡面碰撞模型图

在 i 时刻,落石运动至坡面时,其速度为

$$\begin{cases} v_{ix} = v_{0x} \\ v_{iy} = v_{0y} + gt_i \end{cases} \tag{5-1}$$

根据图 5-6 可以得出:

$$\begin{aligned} H + h_i &= v_{0y}t_i + \frac{1}{2}gt_i^2 \\ \tan\alpha_i &= \frac{h_i}{v_{0x}t_i} \end{aligned} \tag{5-2}$$

联立式(5-1)和式(5-2)可得

$$\frac{1}{2}gt_i^2 + (v_{0y} - v_{0x}\tan\alpha_i)t_i - H = 0 \tag{5-3}$$

求解关于时间 t_i 的一元二次方程,得

$$t_i = \frac{v_{0x}\tan\alpha_i - v_{0y} + \sqrt{(v_{0y} - v_{0x}\tan\alpha_i)^2 + 2gH}}{g} \tag{5-4}$$

因此,在 i 时刻,落石沿水平方向和竖直方向的速度为

$$\begin{cases} v_{ix} = v_0\cos\theta_0 \\ v_{iy} = v_0\sin\theta_0 + gt_i \end{cases} \tag{5-5}$$

则落石的速度大小为

$$v_i = \sqrt{v_{ix}^2 + v_{iy}^2} \tag{5-6}$$

对于落石速度方向与水平方向的夹角 θ_i,有

$$\tan\theta_i = \frac{v_{iy}}{v_{ix}} = \frac{v_0\sin\theta_0 + gt_i}{v_0\cos\theta_0} \quad (5-7)$$

将其分解成平行坡面的切向速度 v_{it} 和垂直坡面的法向速度 v_{in},有

$$\begin{cases} v_{it} = v_i\cos(\theta_i - \alpha_i) \\ v_{in} = v_i\sin(\theta_i - \alpha_i) \end{cases} \quad (5-8)$$

在该运动阶段,落石运动的水平距离为

$$s_i = v_{0x}t_i = \frac{1}{g}v_0\cos\theta_0\left(v_{0x}\tan\alpha_i - v_{0y} + \sqrt{(v_{0y} - v_{0x}\tan\alpha_i)^2 + 2gH}\right) \quad (5-9)$$

落石沿坡面的运动距离为

$$L_i = v_{0t}t_i + \frac{1}{2}g\sin\alpha_i t_i^2 \quad (5-10)$$

当落石沿坡面运动的距离大于该段坡面的长度时,落石进入下一坡面段。

同时,根据以上计算可以得出时刻 t_i 落石的坐标 (x_i, y_i) 的方程如下:

$$\begin{cases} x_i = x_0 + v_0 t_i \\ y_i = y_0 + v_{0y}t_i + \frac{1}{2}gt_i^2 \end{cases} \quad (5-11)$$

在图 5-6 及相应的计算过程中,当落石启动速度的方向与水平方向的夹角 $\theta_0 = 0$ 时,表示落石在水平地震力或震动力的作用下失稳运动,其启动速度由地震水平加速度和落石与坡面接触面的长度共同决定。

当 $0 < \theta < 90°$ 时,落石沿原坡面岩体滑移面滑移失稳,启动速度大小由滑移面的长度和倾角共同决定。

若落石失稳破坏的模式为倾倒破坏,则在线速度之外,落石有转动的角速度。不考虑空气的作用力,到坡面时落石的角速度 ω_i 等于倾倒破坏时落石初始角速度 ω。

当 $\theta = 90°$ 时,落石自由坠落,其到达坡面时的速度由坠落的高度 H 决定,即

$$v_0 = 0, v_i = \sqrt{2gH} \quad (5-12)$$

不管是坠落还是抛射,落石的运动都是在空气中完成,在该阶段落石的运动包括其中心的平动和绕其中心的转动。落石由于转动,在与地面发生碰撞后,运动方向经常会发生突变。

5.2.2 碰撞

如前文所述,落石与坡面的碰撞主要用碰撞恢复系数来描述(章广成等,2011),碰撞后的法向速度和切向速度分别为

$$v'_{in} = k_n \cdot v_{it}, \quad v'_{it} = k_t \cdot v_{it} \quad (5-13)$$

5.2.3 滑动和滚动

由于落石的法向恢复系数远小于其切向恢复系数,当落石与坡面发生一定次数的碰撞之后,其法向速度分量几乎降低为零,而其切向速度分量仍保持一定大小,此时落石的运动

状态变为沿坡面滚动或滑动(吕庆等,2003)(图 5-7)。

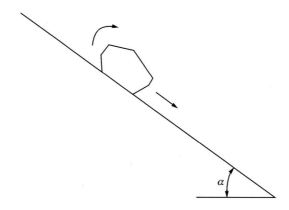

图 5-7 落石的滑动或滚动示意图

当落石沿坡面下滑时,可用下式表示:

$$a = g(\sin\alpha - u\cos\alpha) \tag{5-14}$$

$$v_t^2 - v_0^2 = 2as \tag{5-15}$$

式中:u 为落石与斜坡的滑动摩擦系数;s 为落石在斜坡上的位移;v_0 为落石的初速度。

落石滑动通常发生在落石启动和即将停止时。运动过程中,落石滑动时,如遇边坡坡度增加将进入抛射、弹跳或滚动状态,如果边坡坡度不变或者减小,落石将很快停止运动,因此滑动距离在落石整个运动过程中所占比例很小。

进入滚动状态后,落石在自身重力和坡面摩擦力的共同作用下运动。落石沿坡面的加速度为

$$a = g\sin\alpha - gk\cos\alpha \tag{5-16}$$

式中:k 为落石在坡面滚动的摩擦系数。

5.3 落石运动轨迹三维数值仿真分析

5.3.1 颗粒离散元分析基本原理

离散单元法的基本原理类似于分子动力学,它将材料离散为基本颗粒,在二维中为圆盘,三维中为球颗粒(Itasca,2014)。颗粒本身构成了数值模型的实体部分,并且颗粒不可破碎。离散单元法对基本颗粒进行了如下假定:

(1)数值模型中的基本颗粒被近似简化为刚体,颗粒本身具有均匀的质量和半径。因此,颗粒具有一定的体积,占据一定的空间,和一般意义上的只有质量没有尺寸的质点并不相同。

(2)颗粒间的接触仅发生在局部微小接触面位置,并且多个接触之间没有相互作用。

(3)颗粒间的接触力学行为采用软接触方式,即颗粒并非完全刚体,允许颗粒在接触位置发生一定的变形。

(4)颗粒之间接触变形通过力-位移接触模型与接触力建立联系。该接触变形相对于整个颗粒的尺寸而言极小,可以忽略不计。

(5)颗粒之间可以附加黏结模型,使得两颗粒的接触可以承受一定的拉力。

(6)对于三维离散元而言,所有颗粒为球体单元,支持 clump 单元算法,可以制备由多个球形颗粒构成具有任意形状的颗粒簇。两颗粒簇间的接触同样符合上述(1)~(5)关于接触的假定。

在离散元数值模型的求解中,具有上述假定性质的基本颗粒只需服从牛顿第二运动定律,无须满足变形协调方程。颗粒运动及颗粒间相对位移通过牛顿运动定律确定。通过相对位置的变化可以确定颗粒之间的重叠量。通过接触力与重叠量之间的基本关系可以计算接触力的大小,从而根据牛顿第二运动定律计算颗粒的加速度、速度和位移。通过颗粒运动计算和颗粒间接触力计算的反复迭代,从而实现材料受力与变形基本力学过程的模拟,如图 5-8 所示。

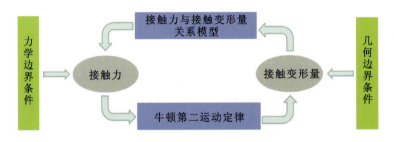

图 5-8　颗粒离散元迭代过程示意图(Itasca,2014)

PFC3D 采用动态松弛法实现颗粒运动及受力的计算过程。该方法是一种显示迭代求解法,不需要求解大型刚度矩阵,计算效率高,允许颗粒发生显著的位置变化,适用于非连续介质的数值求解。在求解颗粒运动方程时,采用中心有限差分法将运动过程时间离散成微小时间步。在每个时间步内,假定颗粒所受合力和合力矩为一定值。当时间步小于整个数值模型的临界时间步时,这种假定是合理的。该临界时间步与整个数值模型的最小特征周期有关。通过大量微小时间的计算,最终得到数值模型的力学变形全过程。关于运动方程和力-位移关系的数值求解过程,详见相关文献,此次不再赘述。

5.3.2　接触模型

在离散单元法模拟中,接触模型对描述岩石复杂力学行为至关重要。虽然接触模型仅在细观层面上反映两颗粒接触处的力和变形关系,但大量细观接触的共同作用使得离散单元法能够模拟岩石材料复杂的宏观力学行为。PFC3D 方法中,基本接触模型包括线性刚度接触模型、接触滑移模型和线性弹簧黏壶模型。

1)线性刚度接触模型

线性刚度接触模型描述了接触力和接触变量之间的关系,PFC3D 中提供了线性刚度接触模型和简化的赫兹-明德林接触模型。

线性刚度接触模型是由两个接触单元(球球接触和球墙接触)的法向刚度 k_n 和切向刚度 k_s 构成。线性刚度接触模型形式简洁,计算效率高,在离散元数值模型中被大量使用。对于两个接触实体 i 和 j 而言,当两个实体接触时,该接触的刚度视为两个实体刚度的串联。因此,该接触的法向刚度为

$$K^n = \frac{k_n^i k_n^j}{k_n^i + k_n^j} \tag{5-17}$$

该接触的切向接触刚度为

$$K^s = \frac{k_s^i k_s^j}{k_s^i + k_s^j} \tag{5-18}$$

赫兹-明德林接触模型为非线性接触模型。该模型的法向接触作用服从赫兹弹性接触模型,切向作用服从明德林接触模型。这两个模型是由弹性摩擦球颗粒推导得到的。因此,该模型的法向及切向的力-位移关系能够反映真实弹性颗粒间的作用关系,具有较高的模拟精度。该模型是基于小变形假定推导得到的,因此,当两接触实体的变形相对于颗粒尺寸不可忽略时,该模型并不适用。另外,在PFC3D中,该模型不能与黏结模型同时使用。

2) 接触滑移模型

接触滑移模型用于描述两接触实体的切向作用规律。接触滑移模型可以与线性刚度接触模型和赫兹-明德林接触模型共同作用。接触滑移模型通过摩擦系数 μ 定义。当接触位置处的切向力大于接触滑移模型所允许的最大剪切力 F_{fric}^s 时,则发生相对滑移。此时切向接触力取为最大值 F_{fric}^s。值得说明的是,接触滑移模型的摩擦系数不同于宏观接触面上的摩擦系数,也不同于岩石材料的宏观内摩擦角,虽然该摩擦系数与岩石材料的宏观强度特性有关,但不能等同。

F_{fric}^s 计算公式如下:

$$F_{\text{fric}}^s = \mu |F_i^n| \tag{5-19}$$

3) 线性弹簧黏壶模型

如图5-9所示,线性弹簧黏壶模型描述了颗粒接触碰撞耗能力学行为。该模型由线性接触刚度模型和线性黏壶模型构成。如式(5-20)所示,接触力 F 由弹性力 $k\delta$ 和黏性力 $\gamma\dot{\delta}$ 两部分构成。弹性力与相对位移 δ 线性相关,k 为刚度系数。黏性力与碰撞速度 $\dot{\delta}$ 线性相关,γ 为黏性系数。如图5-9所示,线性弹簧黏壶模型常用于描述典型块石与地面的碰撞过程,控制方程如式(5-21)所示:

$$F = k\delta + \gamma\dot{\delta} \tag{5-20}$$

$$m\ddot{\delta} + \gamma\dot{\delta} + k\delta = 0 \tag{5-21}$$

式中:m 为块石质量。

求解微分方程式(5-21)的通解,如式(5-22)所示:

$$\delta(t) = C_1 e^{(-\xi + \sqrt{\xi^2 - 1})w_n t} + C_2 e^{(-\xi - \sqrt{\xi^2 - 1})w_n t} \tag{5-22}$$

式中:C_1 和 C_2 为任意的常数,可根据初始条件确定。ξ 为黏性系数 γ 与临界黏性系数 γ_c 之比,如式(5-23)所示:

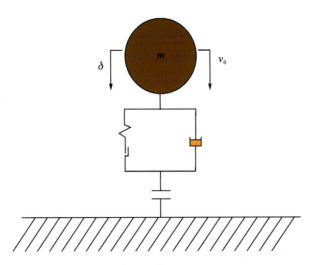

图 5-9 线性弹簧黏壶模型图(Ye and Zeng, 2017)

$$\xi = \gamma/\gamma_c \tag{5-23}$$

其中临界黏性系数 γ_c 计算式如式(5-24)所示：

$$\gamma_c = 2m\sqrt{\frac{k}{m}} = 2\sqrt{km} = 2m\omega_n \tag{5-24}$$

式中，ω_n 为块石与地面碰撞系统的自振频率。

对于初始条件为 $\delta = \delta_0$ 和 $\dot{\delta}(t=0) = \dot{\delta}_0$，式(5-22)的解如式(5-25)所示，式中 w_d 为阻尼振荡频率，如式(5-26)所示：

$$\delta(t) = e^{-\xi w_n t}\left(\delta_0 \cos w_d t + \frac{\dot{\delta}_0 + \xi w_n \delta_0}{w_d}\sin w_d t\right) \tag{5-25}$$

$$w_d = \sqrt{1-\xi^2}\,w_n \tag{5-26}$$

当初始位移 $\delta_0 = 0$ 时，式(5-25)可简化为式(5-27)和式(5-28)：

$$\delta(t) = e^{-\xi w_n t}\left(\frac{\dot{\delta}_0}{w_d}\sin w_d t\right) \tag{5-27}$$

$$\dot{\delta}(t) = -\xi w_n e^{-\xi w_n t}\left(\frac{\dot{\delta}_0}{w_d}\sin w_d t\right) + e^{-\xi w_n t}\dot{\delta}_0 \cos w_d t \tag{5-28}$$

经过半震荡周期的时间 π/w_d，块石回到初始位置 $\delta = 0$，根据式(5-28)计算得到碰后速度，如式(5-29)所示：

$$\dot{\delta}\left(t = \frac{\pi}{w_d}\right) = -e^{-\xi w_n \frac{\pi}{w_d}}\dot{\delta}_0 \tag{5-29}$$

根据式(5-29)计算得到恢复系数，如式(5-30)所示：

$$e_n = e^{-\xi w_n \frac{\pi}{w_d}} = e^{\frac{-\xi \pi}{\sqrt{1-\xi^2}}} \tag{5-30}$$

结合式(5-30)、式(5-24)和式(5-25)，可以得到黏性系数 γ 与恢复系数 e_n 的理论关系，如式(5-31)所示：

$$\gamma = \frac{2\sqrt{km}\ln(e_n)}{\sqrt{\ln^2(e_n) + \pi^2}} \tag{5-31}$$

因此，可以根据实际测得的恢复系数确定模型的黏性系数。

5.3.3 不规则落石建模方法

Cho 等（2007）提出 clump 单元的基本概念。由于采用 clump 单元建立数值模型的细观结构与真实岩石细观结构具有相似性，模拟得到的岩石力学行为得到较好的改善，在过去 10 多年里 clump 单元被广泛使用。团粒单元法为建立复杂外形颗粒提供一种高效、简单的途径。建立的团粒单元由多个基本球形单元构成，组成团粒的球形颗粒依然满足离散元对基本颗粒的假定。团粒单元在力学行为上近似为刚体，不可破碎，运动特性近似为具有复杂颗粒外形的单一颗粒。

图 5-10 对比了 cluster 和 clump 两种颗粒簇的基本原理。cluster 单元是另一种团粒类型，虽然它与 clump 的概念类似，但其组成颗粒的运动方程和内外接触与基本颗粒完全一致。不同的是，cluster 内部接触的黏结强度一般大于 cluster 间接触的强度，从而实现 cluster 间破碎。但 cluster 单元由于没有限制组成颗粒的转动，难以模拟岩石的复杂强度特征（Potyondy and Cundall，2004；Cho et al.，2007）。如图 5-10(b)所示，clump 单元对颗粒转动进行了严格的控制，使得 clump 单元的所有组成颗粒作为一个整体平动和旋转。由于 clump 内部颗粒的相对位置是固定的，其内部接触不参与接触力与位移的计算。两个 clump 单元之间的接触与基本球颗粒间的接触相同，支持接触黏结模型、平行黏结模型和接触滑移模型。

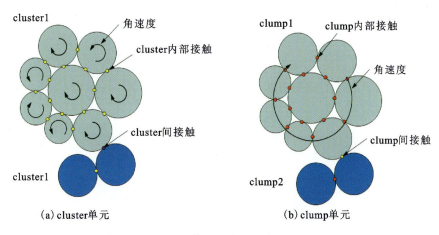

图 5-10　cluster 单元和 clump 单元原理对比图

Clump 作为一个整体进行运动和接触力的计算，有效降低了接触计算和检索的计算量。为了对 clump 进行运动分析，在进行力位移计算之前，首先计算得到 clump 单元的总质量 m_{cl}、质心位置 $x_i^{[G]}$、惯性矩 I_{ii} 和惯性积 I_{ij}。对于一个由 N_p 个球颗粒构成的 clump 单元而言，其基本几何参数计算如下：

$$m_{cl} = \sum_{p=1}^{N_p} m^{[p]} \tag{5-32}$$

$$x_i^{[G]} = \frac{1}{m_{cl}} \sum_{p=1}^{N_p} m^{[p]} x_i^{[p]} \quad (5-33)$$

$$I_{ii} = \sum_{p=1}^{N_p} \left\{ m^{[p]} (x_j^{[p]} - x_j^{[G]})(x_j^{[p]} - x_j^{[G]}) + \frac{2}{5} m^{[p]} R^{[p]} R^{[p]} \right\} \quad (5-34)$$

$$I_{ij} = \sum_{p=1}^{N_p} \{ m^{[p]} (x_i^{[p]} - x_i^{[G]})(x_j^{[p]} - x_j^{[G]}) \} \quad (j \neq i) \quad (5-35)$$

式（5-32）～式（5-35）中，球质量为 $m^{[p]}$，球半径为 $R^{[p]}$，球质心位置为 $x_i^{[p]}$。上述公式计算的 clump 单元惯性矩和惯性积是基于坐标中心在 clump 单元质心，坐标轴与全局坐标系平行的坐标系统。Clump 单元的运动计算是基于单元受到的合力和合力矩。由于 clump 单元整体上被视为刚体，其运动分为随质心的平动和绕质心的转动。因此，clump 单元的运动方程可以分解为平动方程和转动方程：

$$F_i = m_{cl}(\ddot{x}_i - g_i) \quad (5-36)$$

$$M_i = \dot{H}_i \quad (5-37)$$

式中：F_i 为作用于 clump 单元上的合力；$\ddot{x}_i$ 为 clump 单元质心的线加速度；g_i 为重力加速度；M_i 为作用于 clump 质心的合力矩；$\dot{H}_i$ 为 clump 角动量的变化率。与基本球体运动方程求解类似，clump 单元运动方程的求解同样采用中心有限差分格式计算。

为了建立不规则落石的三维离散元数值模型，基于扫描得到的真实落石外形数据或者随机不规则块体生成方法，在离散元分析平台中生成不规则多面体。然后基于不规则多面体，采用气泡包裹算法（bubble pack algorithm）在多面体内部自动填充基本颗粒，形成不规则 clump 单元块体，如图 5-11 所示。Clump 块体由多个基本球颗粒构成，作为刚性整体进行检索和计算，详细理论背景已有较多文献介绍。气泡包裹算法采用粒径比和表面粗糙角

图 5-11　典型不规则落石块体的三维离散元数值模型图

控制 clump 块体生成。Clump 单元的使用显著降低组成颗粒数,并且时步增大超过 3 个数量级,计算效率显著提高,使得考虑不规则落石外形的运动轨迹概率分布分析成为可能。

5.3.4 落石运动轨迹数值仿真参数标定

为了准确模拟落石与边坡的碰撞和回弹,本研究采用线性弹簧黏壶模型进行模拟。碰撞过程中,黏壶模型会耗散落石的动能。根据块石与边坡碰撞的理论分析结果,碰撞恢复系数与黏性系数具有对应的理论关系。因此,可以根据规范推荐的恢复系数及野外调查的结果确定恢复系数,从而确定线性弹簧黏壶模型的黏性参数。

现场的工程地质调查发现,方案一边坡坡表覆盖大量残积碎石土及碎屑堆积体,坡表生长少量植被。如表 5-3 所示,根据规程《水电工程危岩体工程地质勘察与防治规程》(NB/T 10137—2019)对危岩体落石碰撞恢复系数的分类,本研究边坡落石法向恢复系数在 0.12~0.32 之间,切向恢复系数在 0.65~0.95 之间。

表 5-3 危岩体滚石碰撞恢复系数取值建议表

坡面特征	法向恢复系数 e_n	切向恢复系数 e_s
光滑硬岩面、铺砌面、喷射混凝土表面、圬工表面	0.25~0.75	0.88~0.98
软岩面、强风化硬岩表面	0.15~0.37	0.75~0.95
密实碎石堆积坡面、硬土坡面,植被发育,以灌木为主	0.15~0.37	0.75~0.95
块石堆积坡面	0.12~0.33	0.30~0.95
密实碎石堆积坡面、砂土坡面,无植被或少量杂草	0.12~0.32	0.65~0.95
松散碎石坡面、软土坡面,植被发育以灌木为主	0.10~0.25	0.30~0.80
软土坡面,无植被或少量杂草	0.10~0.30	0.50~0.80

另外,在野外调查过程中,采用 N 型回弹仪对方案一边坡坡表进行了大量的回弹测试,测得的回弹值即为法向恢复系数。根据测得的结果及规程建议值,法向恢复系数取 0.2,切向恢复系数取 0.8。根据公式计算得到法向黏性系数比 $\xi_n = 0.5$,切向黏性系数比 $\xi_s = 0.07$。现场测得坡表碎石土的自然休止角为 45°。

5.3.5 边坡落石运动轨迹数值仿真建模

如图 5-12 所示,基于方案一边坡的地层等高线数据,离散出点云数据,针对点云数据模型进行三角形网格剖分,建立方案一边坡真实三维几何模型。根据方案一边坡的现场工程地质调查及三维激光扫描测量分析结果,识别出若干危岩体。坡表分布大量碎石堆积体,尤其是 3 条干沟之间的山脊上遍布大量 0.5~2m 直径的危岩体,构成若干个危石群。根据识别的危岩体分布规律,在坡表布置落石发生的位置。

图 5-12　方案一边坡落石运动轨迹三维离散元数值模型图

5.3.6　落石运动轨迹数值仿真结果及分析

根据方案一边坡实际踏勘的结果,整个边坡坡表均分布 0.5~2m 的危石。因此,如图 5-12 所示,在整个坡表均匀布置若干不规则落石。通过改变不规则落石建模的随机数种子,可以得到随机方位的落石初始条件,从而开展重复模拟,得到统计结果。本研究通过改变随机数种子,开展了 6 组落石运动轨迹的三维颗粒离散元模拟。模拟得到的三维运动轨迹如图 5-13 所示。模拟得到的落石最终停留位置如图 5-14 所示。模拟过程中监测得到了每个落石的最大运动速度。

如图 5-13 所示,落石从干沟之间的山脊上启动以后,快速滚入干沟,然后沿着干沟向黄河水面运动。由于进出水口布置在 3-6 号干沟与 3-7 号干沟间的山脊靠近水面的位置和 3-7 号干沟与 3-8 号干沟间的山脊靠近水面的位置,而且大部分落石沿干沟运动,并不会威胁到进出水口。但分布靠近进出水口上方的危石的运动轨迹会经过进出水口位置,威胁进出水口的安全。该边坡坡表为残坡积土,碰后耗能较高,因此崩塌后的落石一部分落入黄河中,一部分会停留在坡表。统计得到落石的最大速度的平均值为 8.3m/s,标准差为 0.76m/s。最大速度的频数分布近似服从正态分布(图 5-15)。

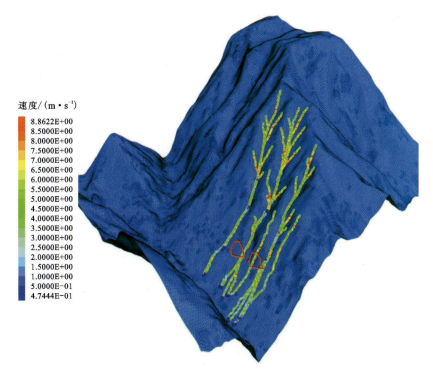

图 5-13 落石不同随机初始方位条件下模拟得到的三维运动轨迹分布图

图 5-14 落石不同随机初始方位条件下模拟得到的最终停留位置图

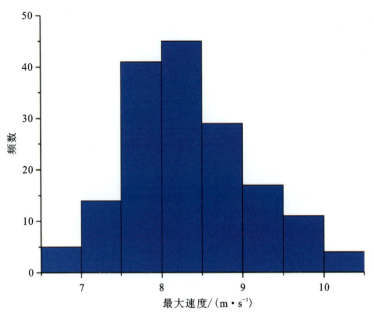

图 5-15 落石最大速度频数分布图

5.4 关键剖面落石运动轨迹概率分布与评价

在落石运动轨迹三维离散元分析的基础之上,为了获取详细的落石运动特性统计分布规律,采用加拿大 RocScience 公司的岩石力学分析系列软件中的 Rocfall 软件针对本边坡关键剖面进一步开展深入的落石轨迹分析,为进出水口工程建设及落石防护设计提供技术支撑。

5.4.1 二维落石运动轨迹分析基本原理

Rocfall 软件是基于集中质量点法开发的落石运动轨迹分析平台(陆明,2017)。集中质量点法是将落石简化为一个具有质量的质点。质点的运动服从牛顿运动定律。落石与边坡的碰撞会耗散大量动能,同时显著改变落石的运动轨迹。集中质量点法将碰撞过程分解为法向和切向,并引入了法向恢复系数和切向恢复系数。通过法向恢复系数可以确定碰后落石法向速度,切向恢复系数可以确定碰后切向恢复系数。确定落石碰后速度,然后根据牛顿运动定律计算运动轨迹。通过检索运动轨迹与边坡几何模型之间的交点,确定下一个碰撞点。如此反复迭代,从而得到落石运动轨迹。Rocfall 软件在传统集中质点法的基础上,进一步考虑了落石的旋转速度及落石与边坡之间的摩擦系数对落石运动轨迹及最终的停留位置的关键影响,使得模拟结果更加真实(代婧瑜,2012)。

采用 Rocfall 软件开展二维落石运动轨迹分析的过程如下：①根据坡面的岩性、坡面覆盖层和植被特征，确定落石的法向恢复系数、切向恢复系数、摩擦系数等计算参数；②根据危岩体的几何形状、大小和密度确定落石的初始状态（坠落、跳动、滚动、滑落）；③确定落石的运动方程，计算落石的运动特征；④输出落石的运动轨迹、能量、速度、弹跳高度等计算结果。通过 Rocfall 软件模拟落石的轨迹可分析出整个边坡落石的动能、速度及落石滚动终点的位置，进而为后续的防治措施提供依据。

5.4.2 二维边坡落石轨迹仿真建模及参数获取

由现场踏勘的认识及落石运动轨迹三维颗粒离散元模拟结果可见，大部分危石从山脊启动之后，均沿着方案一边坡几个关键的干沟运动。因此，本研究基于方案一边坡的三维几何模型，沿着 3-6 号干沟、3-7 号干沟和 3-8 号干沟获得 3 个典型关键剖面，如图 5-16 所示。

方案一边坡整个坡表均分布大量直径 0.5~2m 的危石，因此在二维落石运动轨迹分析中，3 个剖面正常水位以上的部位均布置落石。Rocfall 软件中需要输入的法向恢复系数和切向恢复系数与 5.3 节中三维离散元模拟中输入的法向恢复系数和切向恢复系数相同。

因此，本二维模拟的法向恢复系数取 0.2，切向恢复系数取 0.8。集中质点法通过对法向恢复系数和切向恢复系数引入标准差来考虑落石不规则外形、坡表物性变异性等导致的随机性。参考规范建议值、文献资料、踏勘资料等，法向恢复系数标准差取 0.1，切向恢复系数标准差取 0.15。落石与边坡摩擦角平均值为 40°，摩擦角标准差为 5°。落石从干沟间的山脊上启动，以一定的初始速度落入干沟。根据 5.2 节中建议的初始速度计算方法，确定落石的初始法向速度和初始切向速度的平均值约为 2.5m/s，相应的标准差为 0.5m/s，初始角速度平均值为 10rad/s，相应的标准差为 1rad/s。根据调查的落石尺寸分布，二维轨迹模拟的落石质量取为 1000kg。

5.4.3 关键坡面落石运动轨迹仿真结果与分析

图 5-17~图 5-20 给出了 3 个关键剖面落石停留位置、速度包线、弹跳高度包线和动能包线的模拟分析结果。图 5-21~图 5-23 给出了 3 个关键剖面水口附近落石速度频数分布、落石跳高高度分布和落石动能分布结果。

如图 5-17 所示，由于残坡积土比较松散，碰撞耗能较大，恢复系数较低，大部分落石均可停留在坡表。由图 5-18 可知，落石最大运动速度在 7~10m/s 之间。图 5-19 表明落石碰撞最大弹跳高度在 1~3m 之间。图 5-20 表明落石最大冲击动能在 40~80kJ 之间。由图 5-21 可知，紧邻进出水口位置的落石最大速度可达 10m/s，落石速度平均值约 5m/s。由图 5-22 可知，紧邻进出水口位置的落石最大弹跳高度约 2.4m。由图 5-23 可知，紧临进出水口位置的落石最大冲击动能约 50kJ。

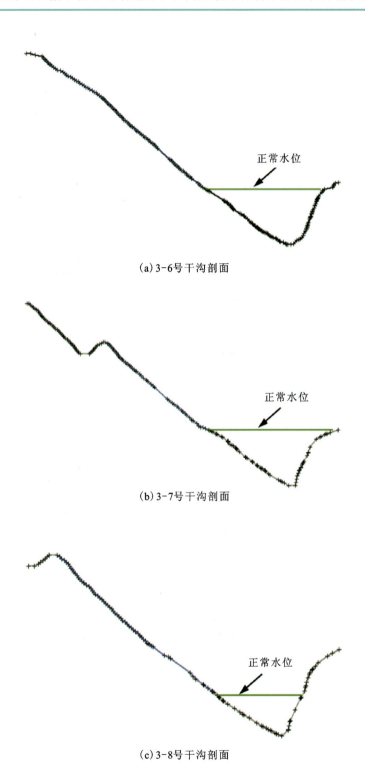

(a) 3-6号干沟剖面

(b) 3-7号干沟剖面

(c) 3-8号干沟剖面

图 5-16 方案一边坡落石运动轨迹关键二维剖面图

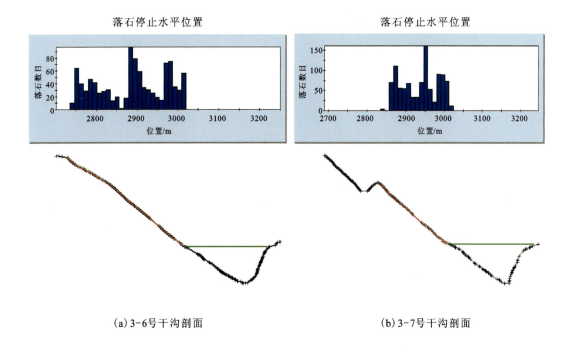

(a) 3-6号干沟剖面　　　　　　　(b) 3-7号干沟剖面

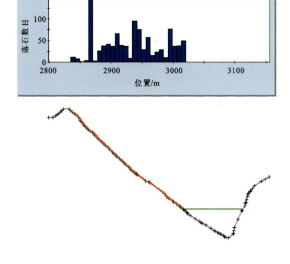

(c) 3-8号干沟剖面

图 5-17　方案一边坡关键剖面落石停留位置分布结果图

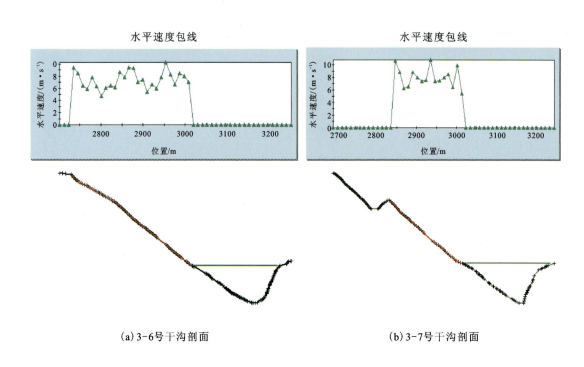

(a) 3-6号干沟剖面　　　(b) 3-7号干沟剖面

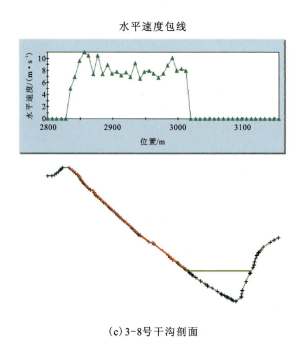

(c) 3-8号干沟剖面

图 5-18　方案一边坡关键剖面落石速度包线分布结果图

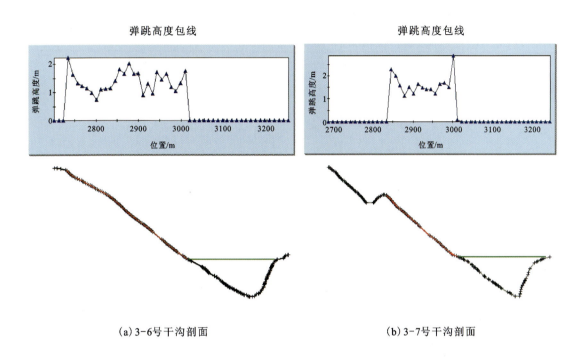

(a) 3-6号干沟剖面　　　(b) 3-7号干沟剖面

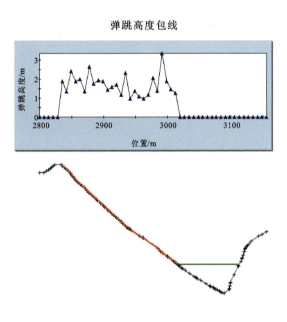

(c) 3-8号干沟剖面

图 5-19　方案一边坡关键剖面落石弹跳高度包线分布结果图

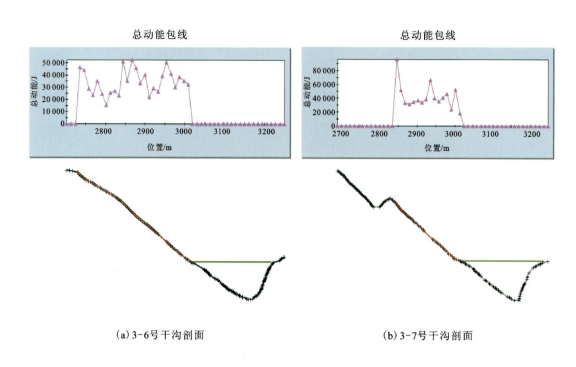

(a) 3-6号干沟剖面

(b) 3-7号干沟剖面

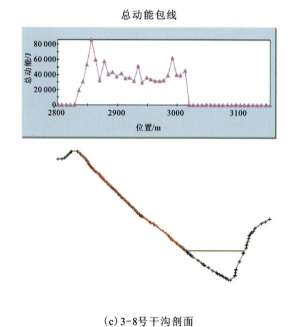

(c) 3-8号干沟剖面

图 5-20 方案一边坡关键剖面落石动能包线分布结果图

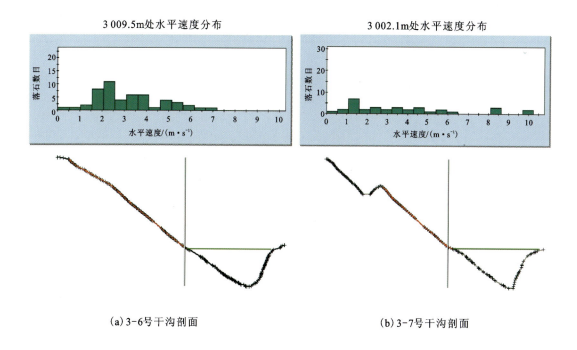

(a) 3-6号干沟剖面　　　　　　　　(b) 3-7号干沟剖面

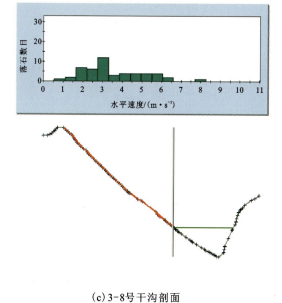

(c) 3-8号干沟剖面

图 5-21　方案一边坡关键剖面水口附近落石速度频数分布结果图

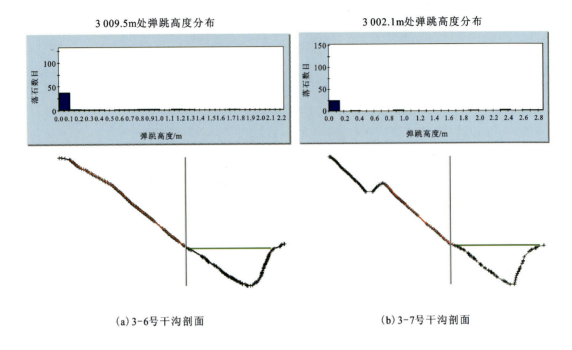

(a) 3-6号干沟剖面　　　(b) 3-7号干沟剖面

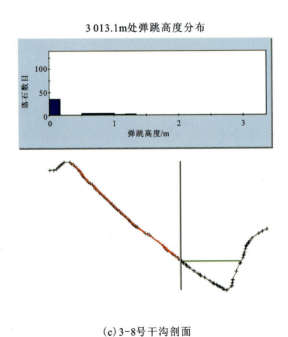

(c) 3-8号干沟剖面

图 5-22　方案一边坡关键剖面水口附近落石弹跳高度频数分布结果图

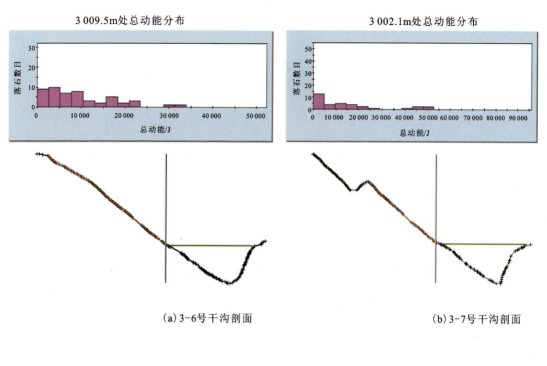

(a) 3-6号干沟剖面　　　　　　　　(b) 3-7号干沟剖面

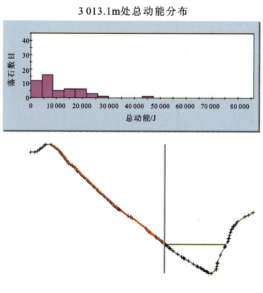

(c) 3-8号干沟剖面

图 5-23　方案一边坡关键剖面水口附近落石动能频数分布结果图

5.5　危岩体防护措施分析

5.5.1　主动防护措施分析

坡表存在 7 处危石群，遍布直径 0.5～2m 的危石，且进出水口关键剖面 s10 上部残坡积堆积体在暴雨及地震工况下存在失稳滑动的风险。因此，本研究应针对上述 3 个方面的隐患进行针对性处理。

对于处于高高程的 W1、W2、W6 和 W7 四处危石群，由于高程较高，崩塌后落石动能较大。对于该 4 处危石群中尺寸大于 2m 的危石，建议采用爆破、人工或机械方式进行清除。针对该 4 处危石群的不利临空条件，可以考虑采用锚杆、锚索等联合竖梁、框格等措施对临空面进行加固，从而提高抗滑力，相应的加固设计应符合《水电工程边坡设计规范》（NB/T 10512—2021）中的有关规定。对于剩余的尺寸小于 2m 的危石，可采用主动防护网进行加固，设计标准应符合《铁路沿线斜坡柔性安全防护网》（TB/T 3089—2016）中的有关规定。

处于低高程的 W3、W4 和 W5 三处危石群紧临下水库进出水口，对于进出水口具有直接威胁。因此，该 3 处危石群中尺寸大于 2m 的危石同样需要采用爆破、人工或机械方式进行清除，并采用锚杆、锚索等联合竖梁、框格等措施对临空面进行加固。相应的锚固结构设计应符合现行行业标准《水电工程边坡设计规范》（NB/T10512—2021）中的有关规定。对于剩余小尺寸的危石，可采用主动防护网进行加固。

若本研究边坡存在整体稳定性问题，则边坡宜整体削坡，并且整个边坡宜采用锚杆、锚索等联合竖梁、框格等措施进行加固处理，采用此方式可以彻底解决坡表残坡积土带来的危石、危石群及坡表局部稳定性问题。

5.5.2　被动防护措施布置分析

虽然针对上述 7 处典型危石群进行了清除及主动加固，但仍然不可避免产生小规模的崩塌落石。尤其是紧邻进出水口的 W3、W4 和 W5 危岩体，若发生崩塌，将可能直接冲击进出水口的水工建筑物，形成的堆积体甚至可能堵塞进出水口，严重威胁抽蓄电站的正常运行。因此，在进出水口附近，尤其是水口上部，有必要进行被动防护结构的设计，从而拦挡小规模的崩塌落石体，保护进出水口。

危岩体被动防护措施主要包括被动防护网、拦石墙、拦石坝等。本研究边坡位置主要保护的水工构筑物为进出水口。因此，危岩体被动防护措施的布置应以保护进出水口的位置为准。危岩体被动防护措施设计的关键参考指标为落石弹跳高度、落石冲击动能、落石冲击速度等。

根据预可研阶段进出水口初步的布置方案和 5.4 节关键剖面落石运动轨迹概率分布的分析结果，初步将被动防护结构布置在进出水口顶部，拦挡结构高 3m。模拟分析结果如图 5-24～图 5-26 所示。由图可见，3m 的拦挡结构可以阻挡大部分落石的运动轨迹。冲击在被动防护结构上的落石的最大动能约 70kJ，最大冲击速度约 8m/s。模拟分析中采用的落石质量平均值为 1000kg，而实际中最大的落石质量可能达到 20t。因此，冲击在被动防护结构上的落石的最大动能可能达到 1400kJ。若采用被动防护网作为被动防护结构，应符合现行行业标准《路沿线斜坡柔性安全防护网》（TB/T 3089—2016）和《边坡柔性防护网系统》（JT/T 1328—2020）。

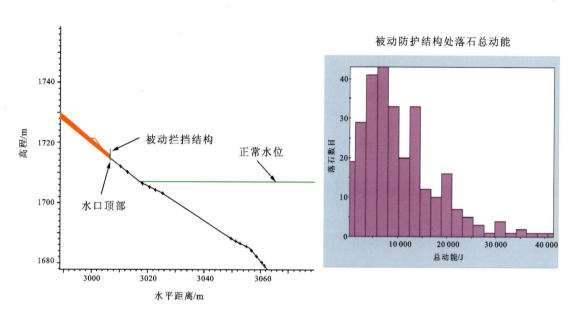

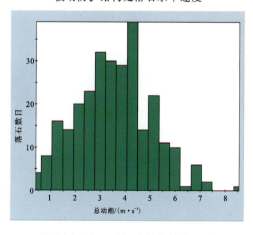

图 5-24　3-6 号沟剖面水口顶部防护结构布置分析结果图

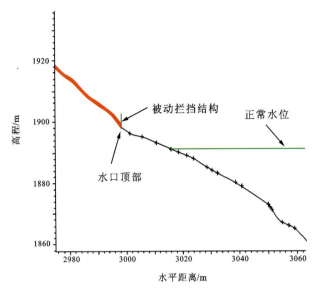
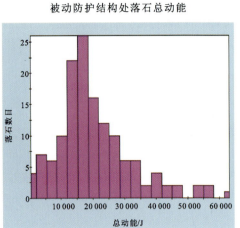
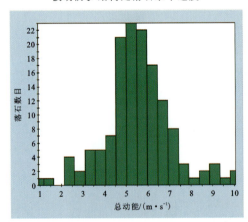

图 5-25　3-7 号沟剖面水口顶部防护结构布置分析结果图

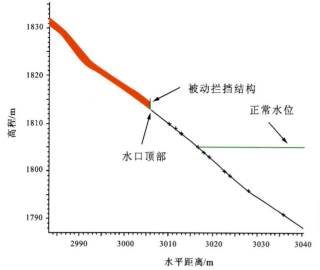
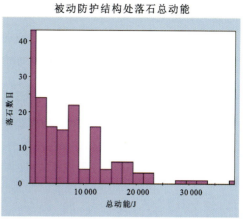
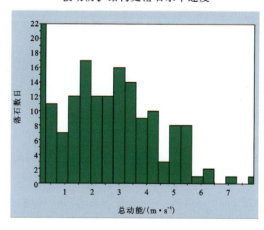

图 5-26　3-8 号沟剖面水口顶部防护结构布置分析结果图

5.6　本章小结

（1）采用三维激光扫描对边坡进行扫描，识别出 7 处危石群，主要分布在边坡干沟间的山脊上。这些危石群在暴雨及地震条件下，局部可能发生向临空面方向的滑移崩塌，应进行处理。

（2）本工程边坡上的危石群失稳后，大部分落石沿干沟运动，并不会威胁进出水口。但分布靠近进出水口上方的危石的运动轨迹会经过进出水口位置，威胁进出水口的安全。由于该边坡坡表为残坡积土，碰后耗能较高。统计得到落石的最大速度的平均值为 8.3m/s，标准差为 0.76m/s。

（3）模拟分析表明高 3m 的拦挡结构可以阻挡大部分落石的运动轨迹。冲击在被动防护结构上的落石的最大动能约为 1400kJ。若采用被动防护网作为被动防护结构，应符合现行行业标准《路沿线斜坡柔性安全防护网》(TB/T 3089—2016)和《边坡柔性防护网系统》(JT/T 1328—2020)。

（4）经分析，建议进出水口边坡危石防护采用高高程主动防护＋低高程被动防护相结合的防护措施。主动防护建议采用清除、锚固与主动防护网相结合的方式。开挖边坡范围内的危石群可直接清除，开挖边坡范围外的小规模危石群可采用主动防护网加固。被动防护建议采用被动防护网，主要布置在进出水口上部，被动防护网高度不小于 3m。

参考文献

代婧瑜,2012.边坡滚石运动特性对防护结构设计参数影响研究[D].北京:中国地质大学(北京).

陆明,2017.危岩崩塌运动数值模拟及治理措施研究[D].南宁:广西大学.

吕庆,孙红月,翟三扣,等,2003.边坡滚石运动的计算模型[J].自然灾害学报(2):79-84.

唐红梅,2011.群发性崩塌灾害形成机制与减灾技术[D].重庆:重庆大学.

向欣,2010.边坡落石运动特性及碰撞冲击作用研究[D].武汉:中国地质大学(武汉).

章广成,向欣,唐辉明,2011.落石碰撞恢复系数的现场试验与数值计算[J].岩石力学与工程学报,30(6):1266-1273.

CHO N,MARTIN C D,SEGO D C,2007. A clumped particle model for rock[J]. International Journal of Rock Mechanics and Mining Sciences,44(7):997-1010.

GE Y,CHEN Q,TANG H,et al.,2023. A Semi-automatic Approach to Quantifying the Geological Strength Index Using Terrestrial Laser Scanning[J]. Rock Mechanics Rock Engineering,56(9):6559-6579.

GUZZETTI F,CROSTA G,DETTI R,etal.,2002. STONE:A computer program for the three-dimensional simulation of rock-falls[J]. Computers Geosciences,28(9):1079-1093.

POTYONDY D O,CUNDALL P A,2004. A bonded-particle model for rock[J]. International journal of rock mechanics and mining sciences,41(8):1329-1364.

YE Y,THOENI K,ZENG Y W,et al.,2019. A novel 3D clumped particle method to simulate the complex mechanical behavior of rock[J]. International Journal of Rock Mechanics and Mining Sciences,120:1-16.

YE Y,ZENG Y W,2017. A size-dependent viscoelastic normal contact model for particle collision[J]. International Journal of Impact Engineering,106(AUG.):120-132.